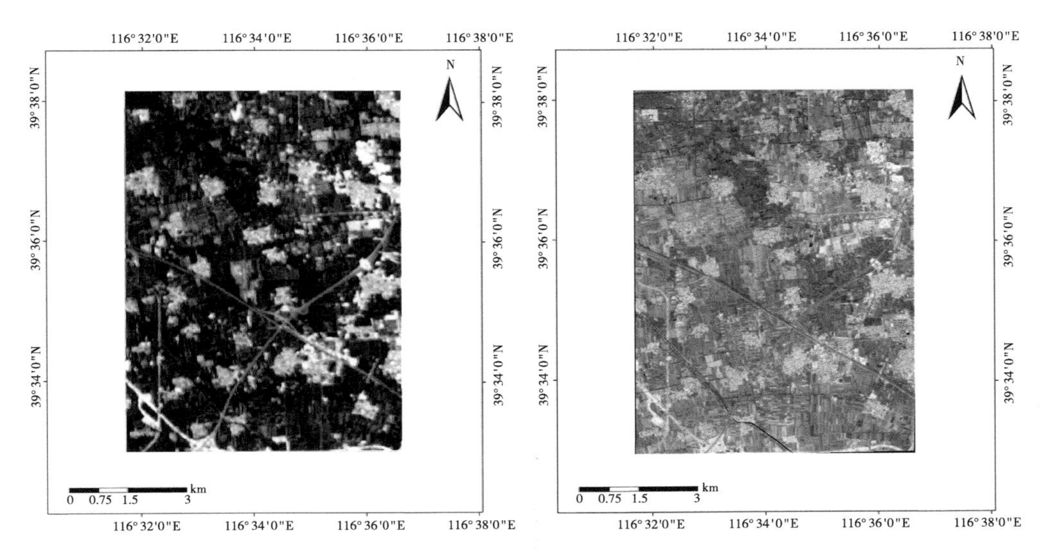

图2.2 预处理后的研究区高光谱影像

图2.3 预处理后的研究区多光谱影像

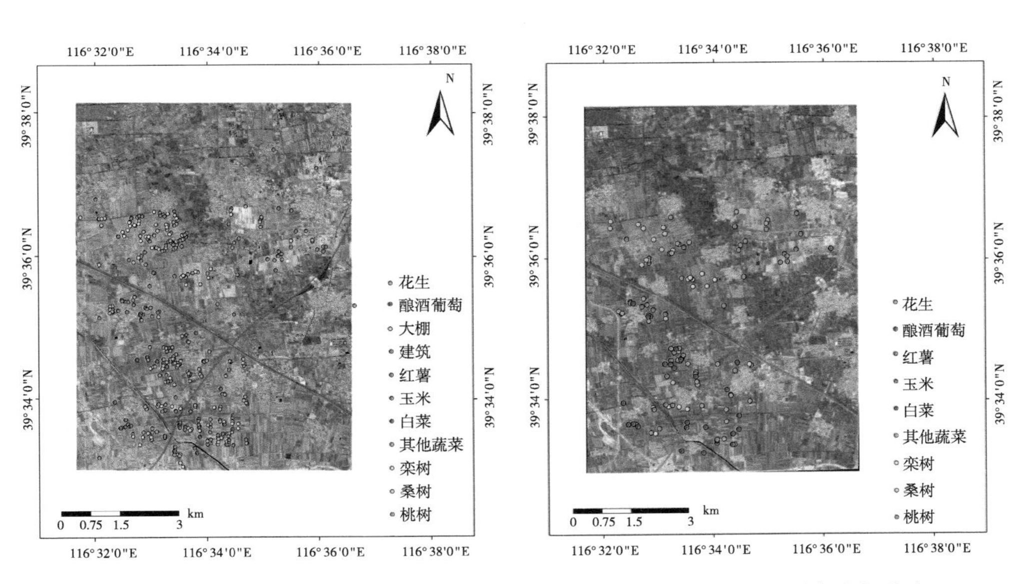

图2.5 调查样点空间分布

图2.6 光谱测量样点空间分布

图 3.1　GF-5高光谱图像和GF-1全色图像的空间范围

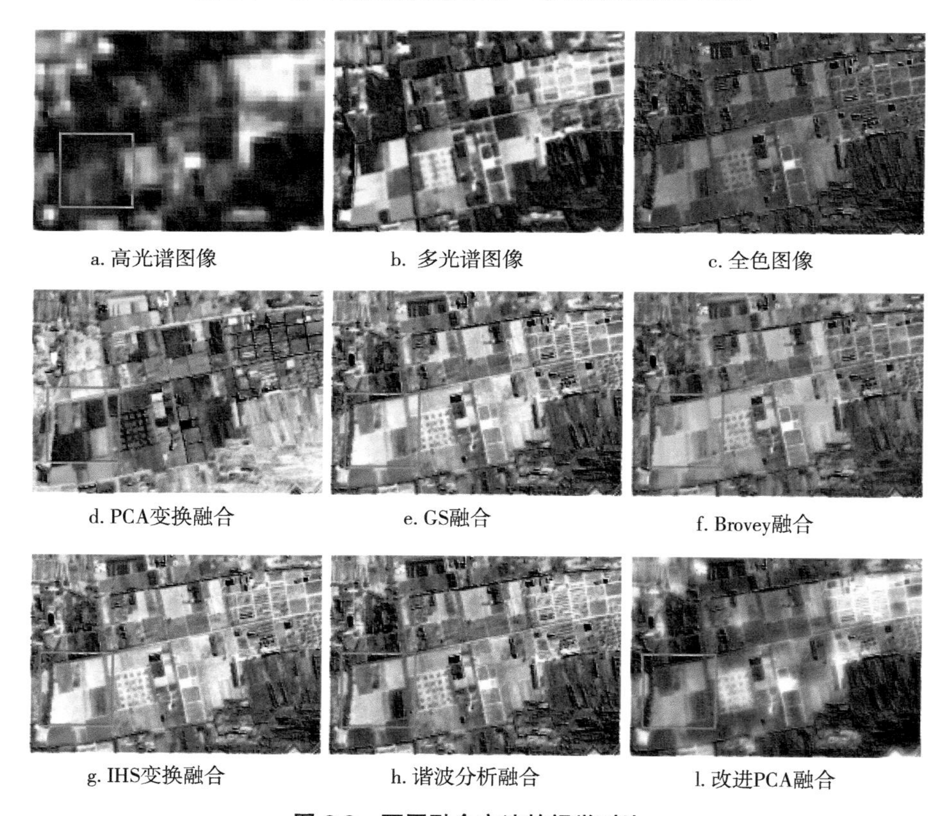

a. 高光谱图像　　b. 多光谱图像　　c. 全色图像

d. PCA变换融合　　e. GS融合　　f. Brovey融合

g. IHS变换融合　　h. 谐波分析融合　　l. 改进PCA融合

图 3.3　不同融合方法的视觉对比

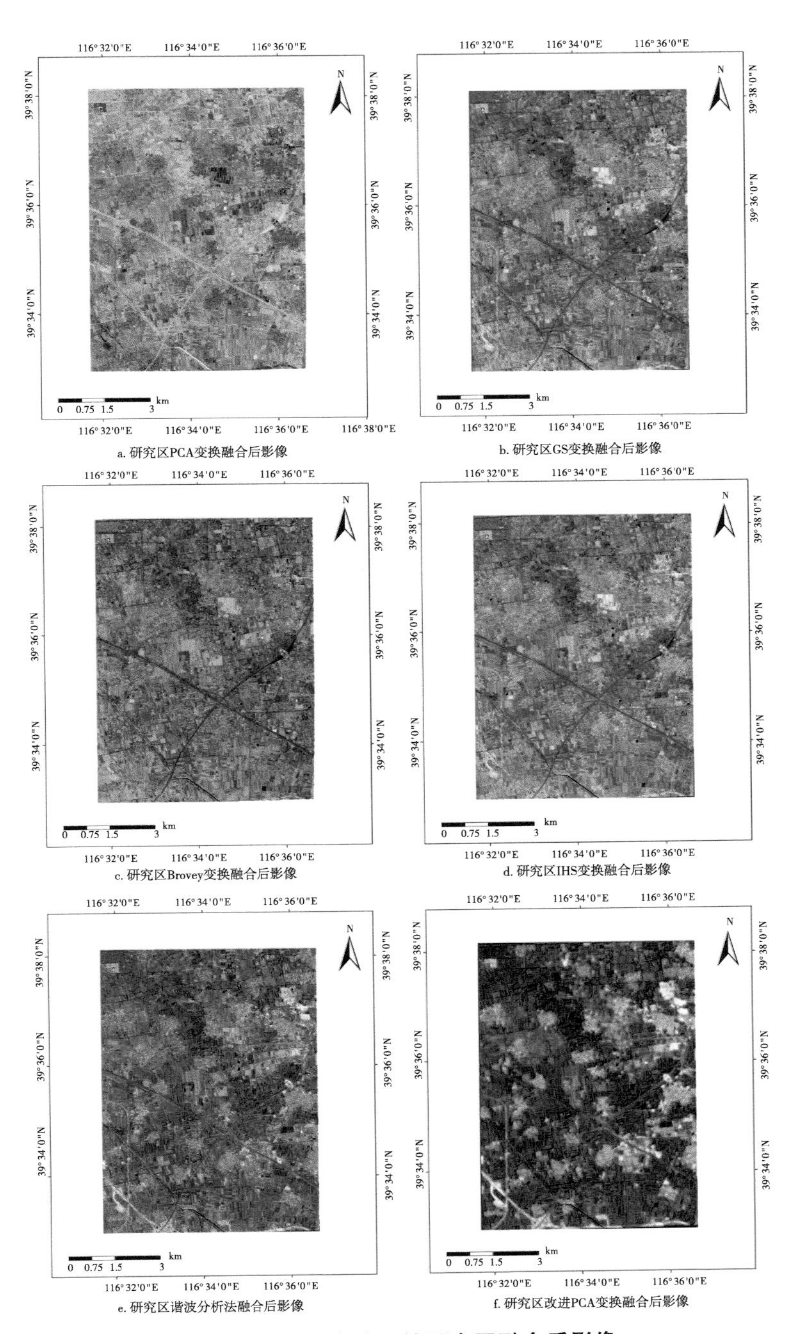

a. 研究区PCA变换融合后影像

b. 研究区GS变换融合后影像

c. 研究区Brovey变换融合后影像

d. 研究区IHS变换融合后影像

e. 研究区谐波分析法融合后影像

f. 研究区改进PCA变换融合后影像

图 3.4　不同方法下的研究区融合后影像

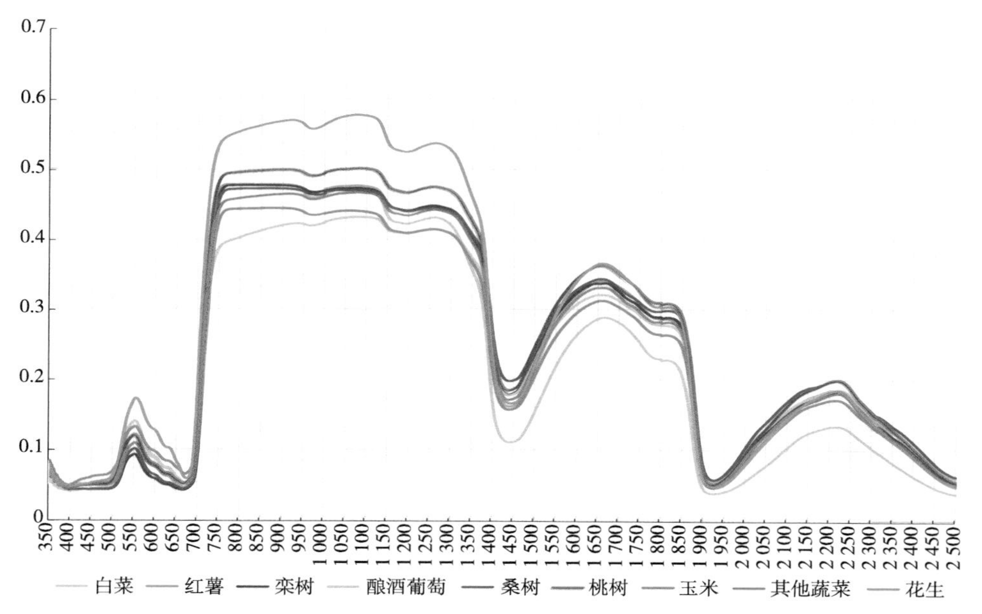

图4.2 预处理后的原始光谱曲线

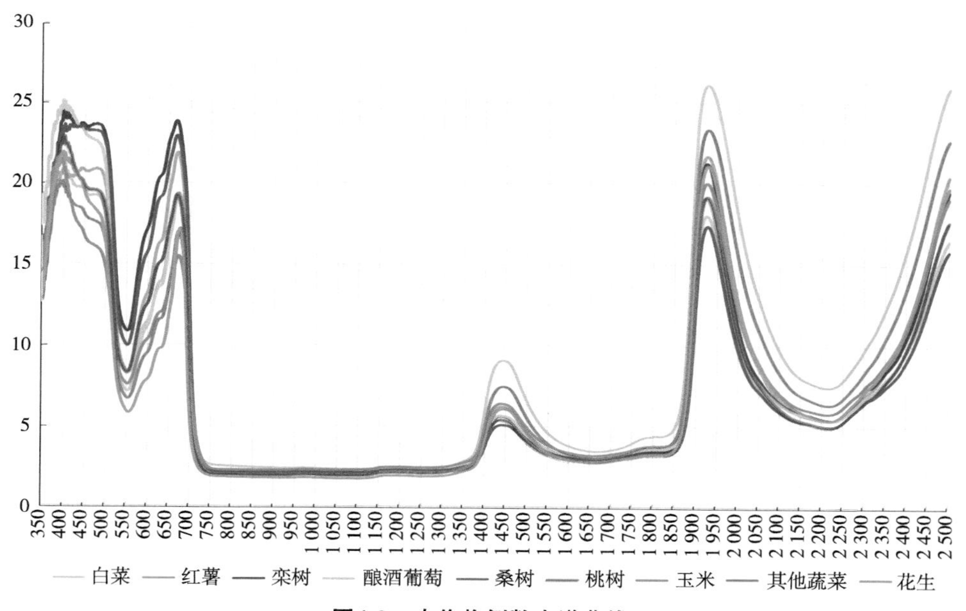

图4.3 农作物倒数光谱曲线

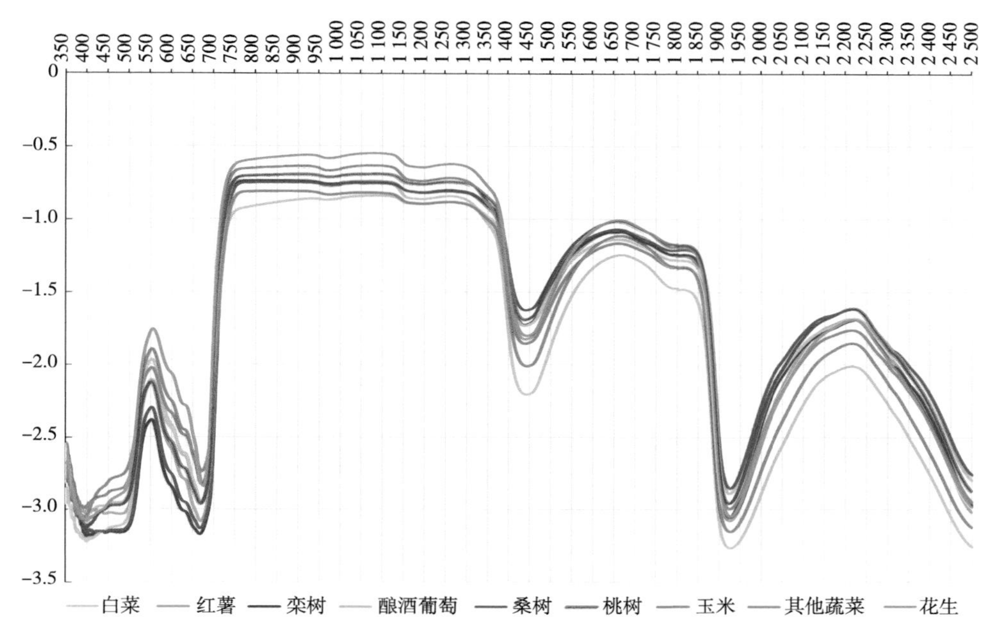

图4.4　对数光谱曲线

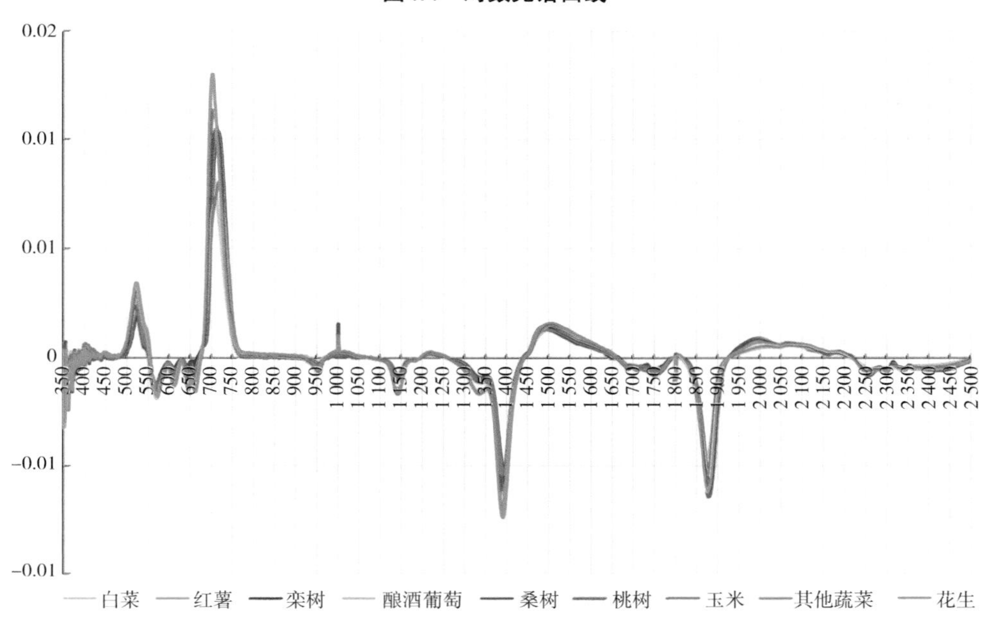

图4.5　一阶微分光谱曲线

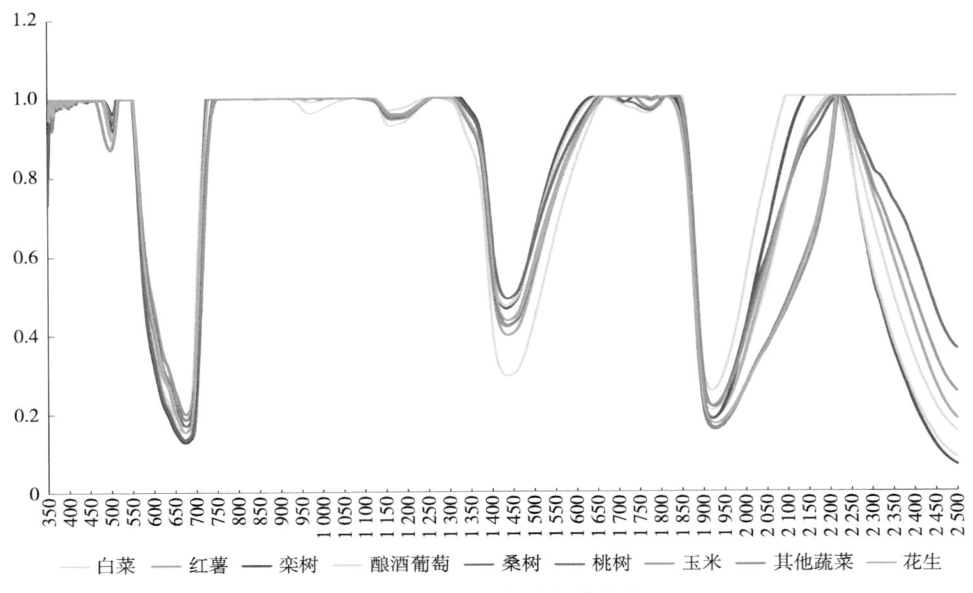

图4.6　包络线去除光谱曲线

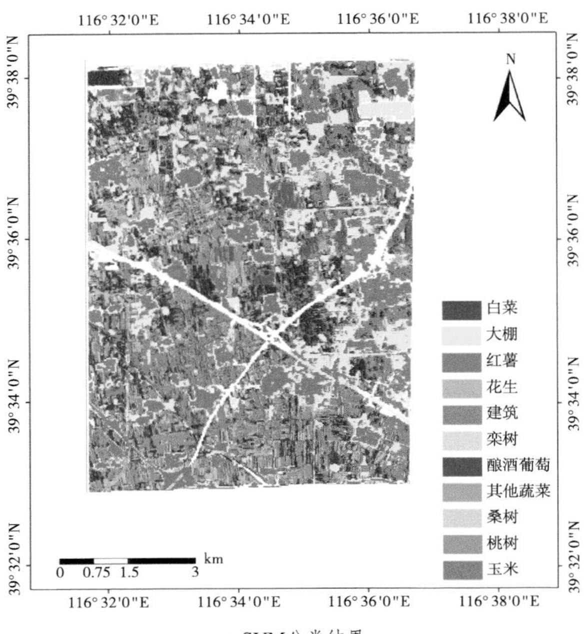

a. SVM分类结果

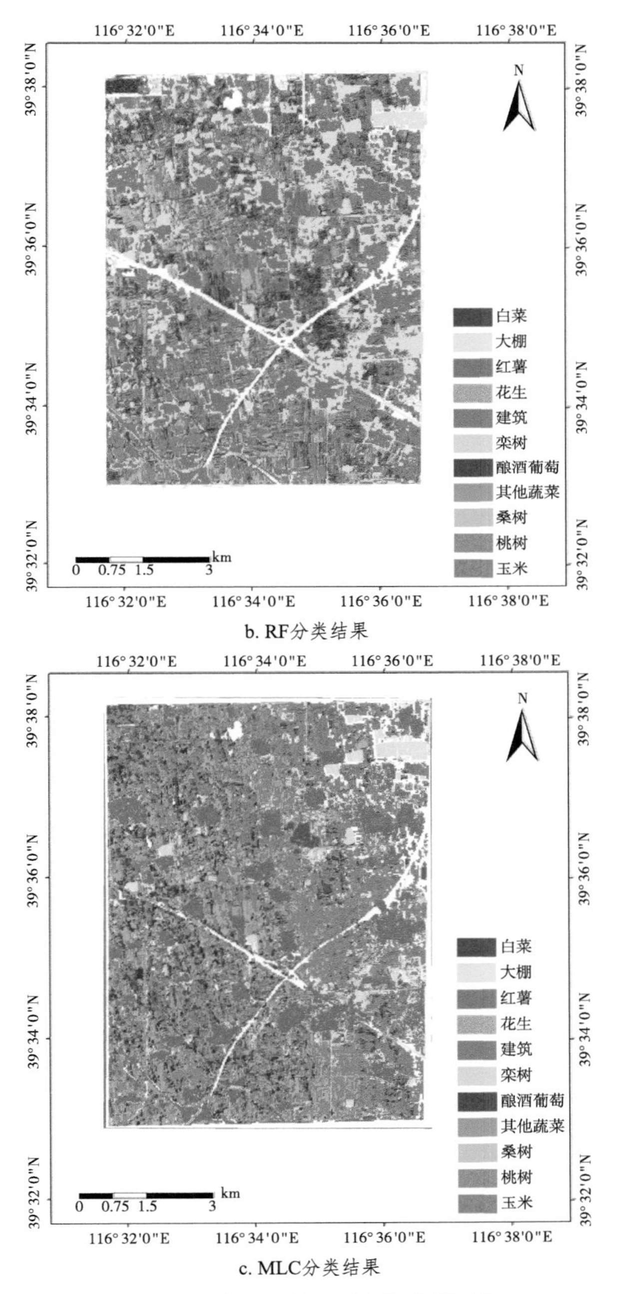

b. RF分类结果

c. MLC分类结果

图5.2　3种分类算法对应的分类结果

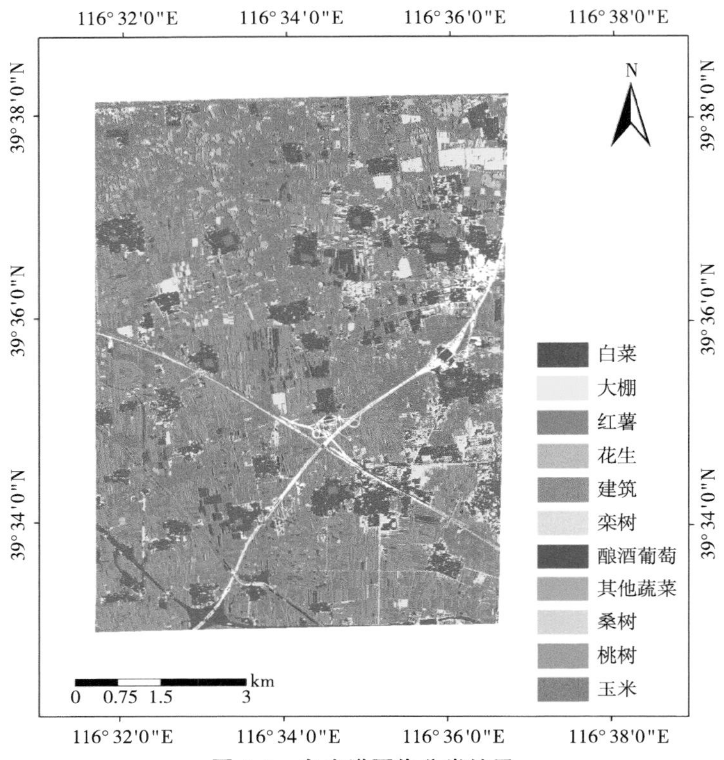

图 6.1　多光谱图像分类结果

卫星高光谱遥感农作物分类研究

王迪 张影 田甜 曾妍 著

中国农业科学技术出版社

图书在版编目（CIP）数据

卫星高光谱遥感农作物分类研究 / 王迪等著. --北京：
中国农业科学技术出版社，2021. 10
ISBN 978-7-5116-5537-0

Ⅰ. ①卫… Ⅱ. ①王… Ⅲ. ①光谱分辨率-光学遥感-
应用-作物-分类-研究 Ⅳ. ①S502. 3-39

中国版本图书馆 CIP 数据核字（2021）第 211836 号

责任编辑 崔改泵 马维玲
责任校对 李向荣
责任印制 姜义伟 王思文

出 版 者 中国农业科学技术出版社
北京市中关村南大街 12 号 邮编：100081
电　　话 （010）82109194（编辑室） （010）82109702（发行部）
（010）82109702（读者服务部）
传　　真 （010）82109194
网　　址 http://www.castp.cn
经 销 者 各地新华书店
印 刷 者 北京建宏印刷有限公司
开　　本 170 mm×240 mm 1/16
印　　张 8. 75 彩插 8 面
字　　数 200 千字
版　　次 2021 年 10 月第 1 版 2021 年 10 月第 1 次印刷
定　　价 50. 00 元

内 容 提 要

本书依据作者承担的中国农业科学院农业遥感创新团队基金项目的研究成果撰写而成。以往利用星载多光谱遥感影像在我国种植结构复杂、地块分散破碎地区开展农作物分类时精度普遍偏低，而卫星高光谱遥感影像因具有光谱分辨率高、光谱信息丰富等优点，在复杂种植区的农作物精细分类领域具有较高的使用价值和应用潜力。然而，由于卫星高光谱遥感影像空间分辨率较低、特征空间维数高、波段间相关性强、运算时间长等不足，严重阻碍了卫星高光谱遥感技术在上述区域的进一步推广应用，影响了我国分布广泛的复杂种植结构区农作物遥感监测的准确性和时效性。鉴于此，选取河北省廊坊市广阳区为典型研究区，采用国产 GF-5 卫星 AHSI 高光谱影像进行玉米、花生、红薯等 10 余种农作物的精细分类研究，联合 GF-1 卫星 PMS 全色影像，比较了各种融合方法的影像质量，优选出适合卫星高光谱遥感的影像融合方法；定量评价了多种波段选择与特征提取方法，提出适合卫星高光谱遥感农作物精细分类的关键波段与特征，优选出农作物高光谱遥感分类算法，旨在为实现复杂种植结构区的农作物精细分类提供解决途径。全书共七章，主要内容包括：第一章农作物高光谱遥感分类的研究现状与存在问题分析；第二章研究区与数据源介绍；第三章高光谱图像融合方法研究；第四章面向农作物分类的高光谱图像降维方法研究；第五章面向高光谱遥感的农作物分类算法优选研究；第六章不同遥感数据源的农作物分类精度评价；第七章结论与展望。

本书具有较强的系统性、创新性和实用性，可供从事农业遥感、高光谱遥感、农业农村社会经济调查、地学、生态、环境等领域的科研与技术人员以及高等院校相关专业师生参考使用。

目　　录

第一章 绪 论

第一节 研究背景及意义

我国是农业大国，农作物播种面积和产量信息是保障粮食安全、农业供给侧结构性改革的重要依据（胡琼 等，2015；陈仲新 等，2016）。及时、准确地获取农作物种植面积及产量信息对优化农作物种植结构、科学制定农业政策、促进国家经济发展具有重要意义（Wardlow et al.，2007；王崇 等，2015）。农作物种植面积是影响农作物产量的关键信息，而农作物分类与识别则是获取农作物种植面积和产量信息的核心问题（贾坤 等，2013）。遥感技术作为一门快速发展的新兴科学技术，凭借其精确、及时、宏观等优点已广泛应用于农作物类型识别中（Shibayama et al.，1989）。随着传感器的发展，多光谱影像的空间分辨率越来越高，但是光谱分辨率依然较低，在农作物种植结构复杂、地块破碎地区分类精度不高，且难以实现对农作物品种的分类研究（Ulfarsson et al.，2003）。而高光谱图像凭借高光谱分辨率、能全面细致地获取地物光谱特征及其差异性等优势，广泛应用于农作物精细分类研究中（Liu et al.，2015）。高光谱遥感应用于农作物分类研究初期，大多使用单一的机载高光谱影像作为数据源，包括美国的AVIRIS、德国的ROSIS、加拿大的CASI、中国的PHI等。随着高光谱遥感进入航天遥感阶段，卫星高光谱图像开始应用于农作物精细分类领域，其中常见的数据源包括美国的Hyperion数据、中国的HJ-

1A 卫星数据、GF-5 卫星影像。近年来，随着卫星高光谱遥感传感器的逐渐完善，以及高光谱图像处理技术、软件的发展，使得卫星高光谱图像在农作物精细分类、果园提取等方面的研究也不断增加，并且取得了一定的成果。但仍存在以下不足之处：其一，卫星高光谱影像光谱分辨率高，可以识别农作物间微小的差异，但空间分辨率较低，适合 GF-5 卫星高光谱图像的融合方法尚不明确。其二，高光谱数据存在维数高、波段间相关性强等问题，面向 GF-5 图像农作物分类的关键波段和特征未实现优选。其三，对于种植结构复杂地区，卫星高光谱遥感农作物最优分类算法尚未确定。其四，在同等条件下，不同数据源的农作物精细分类的精度和效率还未完成定量比较。

针对上述卫星高光谱遥感农作物精细分类存在的问题，本研究采用卫星 AHSI 高光谱图像和 GF-1 PMS 全色图像进行融合方法研究；在此基础上对高光谱图像进行数据降维，减少图像波段过多带来的维数灾难，优选适合卫星高光谱图像的数据降维方法；在特征优选的基础上，优选适合复杂地区高光谱图像农作物精细分类的分类算法；最后比较高光谱、多光谱农作物分类的精度和效率，旨在为高光谱遥感农作物精细分类提供参考依据。

第二节　国内外研究进展

一、面向农作物分类的高光谱遥感数据源研究进展

高光谱遥感用于农作物分类研究初期，大多使用单一的机载高光谱影像作为数据源，包括美国的 AVIRIS（Airborne Visible InfraRed Imaging Spectrometer）、德国的 ROSIS（Reflective Optics Spectrographic Imaging System）、加拿大的 CASI（Compact Airborne Spectrographic Imager）、中国的 PHI（Pushbroom Hyperspectral Imager）等高光谱数据。

机载高光谱农作物分类研究中使用的数据源、研究对象等详见表 1. 1。张丰 等（2002）在 2002 年根据 PHI 高光谱图像上水稻生长期的光谱特征，采用混合决策树分类方法对江苏省常州市金坛良种场的水稻品种进行了精细分类，总体分类精度达到 94. 9 %。刘亮 等（2006）以北京市顺义区为研究区，使用成像光谱数据和实测地物光谱数据，通过逐级分层分类方法进行农作物分类研究，该方法首先通过 NDVI（Normalized Difference Vegetation Index）指数将研究区分为植被区和非植被区，然后对不同层次的图像分类使用不同的分类方法，各种农作物的分类精度均为 95 %以上。Melgani et al.（2004）利用 2 种不同的支持向量机，以 AVIRIS 数据为数据源，对玉米、大豆等农作物进行分类识别，识别精度分别为 87. 1 %和 93. 42 %。Tarabalka et al.（2010）将支持向量机（Support Vector Machine，SVM）和马尔科夫随机场（Markov Random Field，MRF）结合对 AVIRIS 数据上的小麦、大豆、燕麦、玉米等农作物进行分类，该方法首先应用概率支持向量机对 AVIRIS 数据行像素级分类，然后通过马尔科夫随机场正则化，利用空间上下文信息来精练第 1 步得到的分类结果，分类精度为 92. 05 %。余铭 等（2018）以 AVIRIS 高光谱数据为数据源，对美国加利福尼亚州南部萨利纳斯山谷的西蓝花、玉米等农作物采用条件随机场进行分类研究，研究结果表明大多数农作物分类精度为 94 %以上，总体分类精度为 90. 4 %。机载高光谱遥感农作物分类的研究对象多为水稻、玉米、大豆等大宗粮食作物，其中还涉及对小麦品种、水稻品种的精细分类，对一些经济作物的研究较少。并且机载高光谱影像覆盖的范围小，进行大面积的农作物分类研究比较困难。

表 1. 1 基于航空高光谱数据的农作物分类进展

年份	作者	研究对象	使用数据	精度/%
2002	张丰 等	水稻品种	PHI	94. 9

续表

年份	作者	研究对象	使用数据	精度/%
2006	刘亮 等	小麦、玉米、果园、水稻	机载高光谱数据	95
2006	Kazuo et al.	玉米、西瓜、树林、万寿菊	AISA	91.2
2010	Melgani et al.	玉米、大豆、燕麦	AVIRIS	93.4
2010	Tarabalka et al.	玉米、小麦、大豆、草地	AVIRIS	92.1
2015	张春森	玉米、大豆、小麦	AVIRIS	96.6
2016	Chen et al.	玉米、大豆、小麦、燕麦、苜蓿	AVIRIS	84
2017	Xue et al.	小麦、土豆、韭菜、菜花、甜椒、西瓜	CASI	87.8
2017	崔宾阁 等	玉米、大豆、小麦、燕麦、苜蓿	AVIRIS	86.6
2018	余铭 等	西蓝花、葡萄园、玉米、生菜、芹菜	AVIRIS	90.4

随着成像技术的发展，高光谱遥感进入航天阶段，各个国家开始研究发射载有成像光谱仪的卫星，数据源由机载高光谱图像往卫星高光谱图像方向发展。随着 1999 年美国 AM-1 卫星发射，卫星高光谱数据开始应用于各个领域，其中在农作物分类中常见的卫星高光谱影像包括美国的 Hyperion 数据、中国的 HJ-1A 数据（Mianji et al.，2011）。卫星高光谱农作物分类研究中使用的数据源、研究对象等参见表 1.2。Galvão et al.（2005）以 EO-1 Hyperion 高光谱图像为数据源，通过逐步回归分析法建立判别模型，对巴西东南部地区的五种甘蔗品种进行识别分类，分类精度为 87.5 %。李丹 等（2010）基于Hyperion数据，采用线性光谱混合模型和支持向量机方法提取广州市北部的荔枝种植面积，研究结果表明，线性光谱混合像元分解和支持向量机结合的方法充分利用了 Hyperion 影像的高光谱特点，可以对地物类型繁多、地块破碎、训练样本获取不易的研究区进行农作物面积提取研究，其中荔枝的提取精度为 85.3 %。Bhojaraja et al.（2015）采用 SAM（Spectral Angle Mapper）分类方法在 Hyperion 高光谱数据上对印度卡纳塔卡地

区的槟榔面积进行提取，最终分类精度为 73.68 %。为了提高分类精度，有学者在光谱角匹配（Spectral Angle Match，SAM）的基础上引入新的技术进行新分类方法研究。如杨可明 等（2017）将谐波分析（Harmonic Analysis，HA）技术引入 SAM 中，提出基于谐波分析的光谱角制图（HA-SAM）高光谱影像分类算法。该方法首先利用 HA 技术将 Hyperion 影像的光谱曲线进行分解，提取低频谐波中的光谱能量特征，然后采用 SAM 方法进行分类，研究结果表明，当分解次数为 30 次时，分类精度最高，并且该方法的分类精度比直接使用 SAM 的分类精度提高了 10.1 个百分点。卫星高光谱数据的研究对象除了玉米、大豆等大宗粮食作物，还包括果园、树种等。识别农作物类型相对于机载高光谱图像来说较为单一。但是卫星高光谱影像的空间分辨率较低，导致在地物类型复杂地区农作物分类研究中，农作物分类精度不理想。因此通过提高卫星高光谱影像的空间分辨率来提高农作物分类精度是高光谱农作物分类研究中的重点。

表 1.2 基于航天高光谱数据的农作物分类进展

年份	作者	研究对象	使用数据	精度/%
2005	Galvão et al.	甘蔗品种	Hyperion	87.5
2010	李丹 等	荔枝	Hyperion	85.3
2012	Du et al.	农作物、水体	Hyperion	90
2012	吴见 等	植被	Hyperion	90.3
2015	Bhojaraja et al.	槟榔	Hyperion	73.7
2017	杨可明 等	建筑物、植被、道路	Hyperion	85.6
2018	魏宇	果园	HJ-1A HSI	81.5
2018	Aneece et al.	小麦、大豆、玉米、大豆、棉花	Hyperion	90
2019	于成龙	玉米、大豆、水稻、水田	HJ-IA HSI	88.7

高光谱遥感成像属于光学遥感成像的范畴，因此高光谱影像会受到云雨天气的影响，而雷达成像穿透力强，不受云雨天气的影响并且激光雷达测量能够快速获取地面三维坐标，生成数字高程模型，将其与高光谱遥感结合起来，可以发挥各自的优势，提高农作物分类精度。联合多源遥感数据农作物分类研究中使用的数据源、研究对象等参见表 1.3。如 Liu et al.（2014）利用基于对象的图像分析（Object-based Image Analysis，OBIA）范式，结合 CASI 高光谱数据和 LiDAR 数据对玉米、胡椒、土豆等农作物进行了精细分类，分类精度为 90.33 %。为了解决由于卫星高光谱数据源较少、空间分辨率较低而使一些地形复杂、地块破碎地区分类效果达不到要求的问题，一些学者将高光谱数据和高空间分辨率、高时间分辨率的多光谱影像相结合进行农作物分类，以提高农作物分类精度。史飞飞 等（2017）以 HJ-1A HSI 高光谱数据提取的 7 个光谱特征变量和 GF-1 高空间分辨率遥感数据提取的 NDVI 时间序列为多源数据，对青海省西宁市的农作物采用分类决策回归树（Classification Decision Regression Tree，CART）和 SVM 方法进行分类，研究结果表明，采用多源遥感数据的总体分类精度高于单一数据源的分类精度，农作物总体分类精度分别为 88.2 %和 84.5 %。杨思睿 等（2018）将航拍 HSI 影像和 LiDAR 数据生成的数字表面模型作为初始影像，对从初始影像中提取的空间特征、光谱特征以及高程信息进行融合，借助稀疏多项式逻辑回归分类器（SMLR）进行黑河流域的小麦、青稞等农作物分类，分类精度可达 94.5 %。高光谱、雷达和多光谱数据各有优缺点，利用多源遥感数据进行农作物分类研究，可以充分利用各种遥感影像的优点，弥补其不足，提高农作物遥感分类和识别精度。因此，利用多源遥感数据融合和深层次挖掘进行农作物的分类和识别值得进一步研究。

表 1.3　基于多源遥感数据的农作物分类进展

年份	作者	研究对象	使用数据	精度/%
2014	Kussul et al.	大豆、小麦、甜菜、玉米、油菜、谷类植物	RADARSAT-2、Hyperion	80.4
2015	Liu et al.	玉米、果园、韭菜、甜椒、生菜、菜花	CASI、LiDAR	90.3
2017	史飞飞 等	油菜、青稞、小麦	HJ-1A、GF-1	88.8
2018	史飞飞 等	油菜、小麦、青稞、土豆	HJ-1A、OLI	88.2、84.5
2018	Han et al.	水稻、西瓜、莲藕	GF-3、Sentinel-2A	85.3
2018	杨思睿 等	玉米、土豆、韭菜、菜花、青笋、西瓜	HIS、LiDAR	94.5

二、高光谱图像融合方法研究进展

高光谱影像拥有较高的光谱分辨率，但高空间分辨率和高光谱分辨率是相互冲突的，因此，高光谱数据的空间分辨率较低。多光谱、全色影像的光谱分辨率较低，但空间分辨率高，空间信息丰富（Qi et al.，2015）。将 2 种数据的优势结合起来，得到高光谱、高空间分辨率的影像在应用中具有重要的意义。根据融合数据类型，高光谱图像融合分为高光谱、多光谱图像融合和高光谱、全色图像融合 2 种。将全色、多光谱图像融合中的成分替换和多分辨率分析方法引入全色、高光谱图像融合中。Dong et al.（2019）提出一种基于引导滤波和高斯滤波高光谱图像融合方法，该方法首先利用 HSI（Hyper-Spectral Imagery）各波段的高频信息作为引导滤波器的引导图像；然后从 PAN 图像和 HSI 图像中提取总体空间细节；最后将空间细节注入 HSI 低频信息的各波段生成融合图像。试验结果表明，该方法在客观质量评价和主观视觉效果上均表现较好。多光谱与高光谱图像融合主要方法有基于模型图像融合、基于稀疏表达图像融合、基于矩阵分解图像融合、基于深度学习图像融合。Naoto et al.（2017）提出了耦合非负矩阵分解（Coupled Non-negative Matrix Factorization，CNMF）分解方法，该方法利用基于线性光谱混合模型的 CNMF 算法，将高光谱和多光谱数据交替分解为端元和丰度矩阵，将 2 种数据关联起来的传感器观测模型建立在每个 NMF 分离过程的初始化矩阵中，研究结果表明，该算法在空间域和光谱域均能产生高质量的融合数据。

本书主要针对高光谱图像与全色图像融合方法开展研究，目前已有大量的算法应用于高光谱图像融合中，主要概括为四大类，分别是成分替换法、多分辨率分析法、模型优化法、综合法。

（一）成分替换法（CS 融合）

CS（Component Substitution）融合方法是将高光谱、全色图像变换到另一个空间的投影，将低空间分辨率影像的空间结构与光谱信息分离开；然后将包含空间结构的分量与高空间分辨率影像进行直方图匹配并替换（2 种图像具有相同的平均值和方差）；最后通过逆变换将数据还原到原始空间得到融合后的影像（Kang et al.，2014）。代表方法有 IHS 融合（Intensity Hue Saturation，IHS）、广义 IHS 融合、PCA 融合、Gram-Schmidt（G-S 融合）、BT 融合等（易正俊 等，2009；Yuan et al.，2017；刘川 等，2018；Hariharan et al.，2018）。该类方法融合后的影像空间信息保真度非常高，方法运行快速且易于实现。但是此类算法没有考虑影像光谱不匹配导致的影像局部差异较大的问题，因此可能会产生较为明显的光谱畸变。Yang et al.（2018）提出基于涟波变换和压缩感知的图像融合方法。首先将 IHS 变换应用于 MS 图像中分离强度分量；然后对强度分量和 PAN 图像进行离散小波变换，得到多尺度子图像；最后结合小波逆变换和 HIS 逆变换生成融合图像。选取标准差（Standard Deviation，STD）、相关系数（Correlation Coefficient，CC）、光谱角（SAM）、全局相对误差（Erreur Relative Globale Adimensionnelle de Synthsès，ERGAS）、均方根误差（Root Mean Squared Error，RMSE）、图像质量评分指数（Q4）作为评价指标，对3组数据进行可视化和定量分析，试验结果表明，该方法获得了较高的空间分辨率和较好的光谱保真度。

（二）多分辨率分析法（MRA）

MRA（Multi-resolution Analysis）图像融合首先利用金字塔变换或小波变换等对源图像进行尺度分解；其次，将融合规则应用于各分辨率图像不同层次，对源图像的每一层进行融合；最后，进行逆变换，得到融合后的图像。代表算法有：小波变换融合、高通调制、Contourlet变换、拉普拉斯金字塔、Curvelet变换等（赵春晖 等，2011；Kotwal et al.，2013；韩潇 等，2014；张筱涵 等，2017）。虽然变换的使用增加了计算复杂度，但在融合影像的光谱保真度和空间保真度方面，该算法具有非常好的性能。Gomez et al.（2001）提出了基于小波变换的高光谱与多光谱图像数据融合方法，该方法利用高光谱和多光谱图像融合的小波概念，在高光谱的2个光谱级之间进行图像融合，再和1个波段的多光谱图像创建融合图像，它具有与高光谱图像相同的光谱分辨率和与多光谱图像相同的空间分辨率，并且伪影最少。因此，这种方法的融合效果在很大程度上取决于频率范围内的采样方法。

（三）模型优化法

建立全/多光谱影像之间的观测模型，构建最优化能量函数，通过模型的优化求解得到融合影像。该方法假设高空间分辨率高光谱图像的空间退化可以获得低空间分辨率多光谱图像，将全色图像视为高空间分辨率多光谱图像的光谱退化结果。这种算法融合精度较高，在光谱保真方面性能较好，但模型求解复杂，效率较低。Dong et al.（2019）提出了新的基于优化注入模型的高光谱图像锐化算法，首先，对插值的 AVIRIS HSI 和 PAN 图像分别采用形态学开闭运算去噪；其次，通过形态学梯度运算和同态滤波分别提取去噪后 HS 图像和 PAN 图像的空间分量，对结果进行主成分分析，得到第 1 个主成分作为总体空间细节；最后，将增益矩阵加权后的总空间信息与插值后的 HS 图像相结合生成锐化图像，并构造新的增益矩阵以减少光谱和空间畸变。以相关系数（CC）、峰值信噪比（Peak Signal-to-Noise Ratio，PSNR）、结构相似度（Structural Similarity，SSIM）、光谱角（SAM）、全局相对误差（ERGAS）、均方根误差（RMSE）、通用图像质量指数（UIQI）为评价指标，4 组试验均证明了该方法在平衡光谱保存和空间锐度方面的潜力。

（四）综合法

该方法结合了分量替换融合方法和多分辨率分析融合方法的优点，既保证了分量替换融合方法的空间保真度，又降低了光谱保真度的损失。Cheng et al.（2015）以 IKONOS 多光谱图像（MS）和全色图像（PAN）为数据源，提出将小波变换与稀疏表示相结合的遥感图像融合方法，以获得高光谱分辨率和高空间分辨率的融合图像，首先，将 IHS 变换应用于多光谱图像；然后，利用小波变换分别对 MS 图像和 PAN 图像的强度分量进行多尺度表示；最后，通过小波反变换和 HIS 逆变换得到融合结果。选择标准差（STD）、平均梯度（GRAD）、相关系数（CC）、峰值信噪比（PSNR）、结构相似度（SSIM）、光谱角（SAM）、全局相对误差（ERGAS）、均方根误差（RMSE）8 个指标评价融合图像质量，试验结果表明，该方法能在较高的空间分辨率下很好地保持融合图像的光谱特征。

三、高光谱数据降维方法研究进展

高光谱遥感可以提供数百个连续的波段，覆盖范围从可见光到红外区域。高光谱数据的高维性为分类、目标识别等应用提供了重要的数据基础。但是数据高维同样也导致了波段间高相关性、数据冗余（童庆禧等，2006；杜培军 等，2016）。此外，对于某些应用来说，更多的波段并不一定带来的是正面作用，有可能会降低分类精度，该问题被称为“休斯现象”。同时，大量数据需要相当大的计算能力来处理，为了解决这些问题，在图像应用之前需要进行数据降维。本研究主要从波段选择方法、特征提取及优选方法 2 个方面概述数据降维方法研究进展。

（一）波段选择方法研究进展

波段选择是指从原始波段数据中选择出若干个波段，组合成 1 个新的子集用于分类，其特点是保留了原始波段的物理信息（Yao et al.，2003）。国内外学者对高光谱影像波段选择方法进行了大量的研究，早期较为成熟的波段选择方法主要有 2 种，一种是基于信息量的方法，即所选择的波段或波段组合的信息量最大（Chacvez et al.，1982），主要包括协方差矩阵特征值法、最佳指数因子法（Optimum Index Factor，OIF）、自适应波段选择法（Adaptive Band Selection，ABS）等。刘春红 等（2005）采用 ABS 方法计算了波段间的指数，根据指数的大小，选择了去掉噪声后 180 个波段中的 50 个波段，这 50 个波段主要集中在“绿峰”“红谷”“红边”区域，分别在原始数据和波段选择后的 AVIRIS 数据上，对玉米、大豆等农作物进行贝叶斯监督分类，结果表明降维后数据极大地减少了计算量，分类精度比原始数据的分类精度提高了 3.7 %。另一种波段选择方法是基于类间可分性的波段选择方法，即通过计算已知训练样本间的最大统计距离来获得最优波段组合（Chacvez et al.，1982），包括离散度、J-M 距离、光谱角度、光谱相关系数等。随着波段选择方法的深入研究，张悦 等（2018）将 K-means 聚类和 ABS 方法结合进行高光谱数据波段选择，选取了 AVIRIS 数据中的 18 个波段，采用支持向量机对试验区内玉米、草地等进行分类，结果表明，该研究提出的方法分类效果优于 ABS 方法，分类精度为 83.64 %。Bajcsy et al.（2004）根据是否需要训练样本将波段选择方法分为监督波段选择和非监督波段选择，非监督波段选择不需要训练样本，只需要根据特定的算法即可获得最优波段组合，监督波段选择方法有基于类间可分性波段选择方法等，非监督波段选择方法包括层次聚类方法、K-means 聚类方法等。

（二）特征提取与优选方法研究进展

特征提取是指依据严格的数学理论，基于变换并按照一定的准则，将高光谱数据由高维空间映射到低维空间的方法（葛亮 等，2012）。特征提取在一定程度上虽然降低了数据维数，但是同时也改变了原始数据的信息，甚至会导致原始波段信息的丢失（倪国强 等，2007；苏红军 等，2008）。经典的特征提取方法有主成分分析（Good et al.，2010；Xia et al.，2014）（Principal Components Analysis，PCA）、最小噪声分离变换（白璘 等，2015）、线性判别分析（Bandos et al.，2009）（Linear Discriminant Analysis，LDA）等。此外，国内外学者还采用其他高光谱数据特征提取方法开展了农作物分类识别研究。Jia et al.（2010）采用离散小波变换从 AVIRIS 数据中进行特征提取，通过 AP 聚类算法从获取的特征中选取最具代表性的特征，采用最近邻（KNN）分类法对试验区内的小麦、玉米等进行分类，结果表明当特征提取个数为 13 个时，分类精度最高为 89 %。夏道平 等（2016）采用改进分散矩阵特征提取方法，基于支持向量机对试验区内玉米、小麦等进行分类识别，并将该方法和常规特征提取方法的分类效果进行比较，研究表明，采用改进分散矩阵特征提取方法的分类效果最好，分类精度为 90.1 %。

高光谱图像在获取大量的光谱和空间特征时，考虑到信息的冗余性和所需的处理时间，采用特征选择预处理来提高农作物分类的速度和准确性。因此，国内外学者对随机森林（Random Forest，RF）、递归特征消除（Recursive Feature Elimination，RFE）等特征选择方法越来越感兴趣，这些方法通过提取特征来获取有用的分类信息。特征选择一般从 2 个方面考虑，一是特征是发散还是收敛，二是特征与目标之间的相关性。Yin et al.（2020）根据每个农作物的全局可分性指数对所有特征进行排序，并在添加新特征时根据精度变化消除冗余特征。Liu et al.（2020）利用最大似然分类递归特征消除（MLC-RFE）方法和支持向量机递归特征消除（SVM-RFE）方法选择最优波段，并进一步分析了不同方法的分类结果。然而，这些引入的方法在特征选择过程中仍然存在计算代价大、特征间相关性高等问题。

四、农作物高光谱遥感分类算法研究进展

（一）基于地物光谱信息分类

常用的基于统计特征农作物分类方法存在计算量较大的问题，且分类精度有时会受到训练样本数量的影响，因此，国内外学者在图像的光谱特征上进行了农作物的分类研究，即基于光谱信息分类（Manolakis et al.，2003）。基于光谱信息的高光谱遥感农作物分类主要是通过分析农作物间微小的光谱差异，结合适合的光谱匹配技术来实现农作物分类。常用方法有光谱角匹配法、光谱信息散度、计算未知光谱和已知光谱距离并进行最小距离匹配等。Rao（2008）以高光谱数据在冠层尺度和像素尺度建立的 2 个光谱库为参考，对印度安得拉邦地区的水稻、甘蔗、辣椒和棉花等农作物进行光谱角分类，参考冠层尺度建立光谱库的总体分类精度为 86.5 %，参考像素尺度建立光谱库的总体分类精度为 88.8 %。

（二）基于多维特征分类

基于光谱信息分类没有考虑高光谱数据的空间信息特征，导致分

类结果可能出现“椒盐现象”。因此，有学者将空间特征和光谱信息相结合应用于高光谱图像农作物分类中，该方法也是当前高光谱影像农作物分类研究的热点之一（Plaza et al.，2009；Fauvel et al.，2013）。Chen et al.（2014）通过最小噪声分离变换（Mnimum Noise Fraction，MNF）提取图像的光谱特征并和提取的空间信息（形态特征、纹理特征等）形成光谱—空间融合特征向量，采用 SSF-CRF 分类方法对油菜、白菜等农作物进行分类，结果表明，在小样本训练条件下，该方法的分类精度优于传统分类器，并且分类精度达到了 97.9 %。Li et al.（2019）提出了基于多特征融合策略的高光谱影像分类方法，在 AVIRIS 影像中对玉米、大豆等进行了精细分类，该方法首先利用光谱空间特征学习（Spectral Spatial Feature Learning，SSFL）提取光谱空间特征；其次，应用局部二进制模式提取图像的纹理特征，将纹理特征与光谱空间特征融合，通过基于核极端学习机（Kenel Extreme Learning Machine，KELM）的方法对高光谱图像进行农作物分类，分类精度达到 90 %及以上。

（三）多分类算法集成分类

高光谱图像存在数据量大、数据维度高等问题，有时采用单一的分类器对高光谱图像进行分类时会受到各种条件的限制，分类精度难以达到令人满意的效果。随着集成学习引入遥感领域，在高光谱图像分类中出现 1 种新的分类方法，即多分类器集成系统，该方法可以将多个单分类器的结果进行综合后得到较好的分类结果。多分类器集成系统的构成包括系统结构确定、基分类器选择和组合策略选择 3 个部分，其中最主要的部分为基分类器的选择。第 1 种基分类器构造方式是基于不同样本的，即在相同的训练集中，采用不同的抽样方法得到输入的训练样本，经典算法有 Adaboost 算法和 Bagging 算法。Kumar et al.（2002）利用 Adaboost 和 Bagging 算法和基于 SVM 的多分类器模型结合，在 AVIRIS 高光谱数据上对卷心菜、包菜等进行分类识别，分类精度达到了 96.8 %。第 2 种基分类器构造方式是基于不同特征集构造基分类器，该方式表达的是同一训练集的不同特征。Ceamanos et al.（2010）提出了基于支持向量机的分类器集合对 AVIRIS 数据的玉米、大豆、小麦等进行精细分类，该方法首先将波段划分成若干组，对每一组利用 SVM 进行分类，然后所有的输出采用额外的支持向量机分类器进行最终决策融合，该方法分类精度达到了 90.8 %。第 3 种基分类器构造方式是基于不同数量的分类器构造，典型算法有动态分类器选择、基于光谱和空间信息的动态分类器选择等。苏红军 等（2017）提出由支持向量机等 5 个基分类器构建的多分类器动态集成算法，应用于 AVIRIS 高光谱影像上对玉米、大豆等农作物进行分类识别，结果表明多分类器动态集成算法可以保持较高的分类精度（优于 90 %），但是由于该算法主要利用的是邻近像元的空间信息，导致了算法的运行时间较长。表 1.4 对高光谱农作物分类方法进行了总结。

表 1.4　高光谱遥感农作物分类方法进展

年份	作者	方法
2008	Rao	参考地物光谱库的光谱角分类
2014	Chen et al.	基于光谱、形态、纹理特征的 SSF-CRF 分类方法
2019	Li et al.	基于纹理、光谱特征的极限学习机分类
2005	刘春红 等	对自适应波段选择后的波段进行贝叶斯监督分类
2018	张悦 等	K-means 聚类和 ABS 方法结合选择波段，SVM 分类
2010	Jia et al.	离散小波变换特征提取，KNN 分类
2016	夏道平 等	改进分散矩阵特征提取，SVM 分类
2002	Kumar et al.	集成 Adaboost 算法、Bagging 算法、SVM 算法分类
2010	Ceamanos et al.	基于支持向量机的分类器集合分类
2017	苏红军 等	利用空间和光谱信息的多分类器动态集成算法（DCS-SSI）

五、当前研究不足

农作物高光谱遥感分类研究在数据源的使用方面，由单一的高光谱影像向多源遥感影像发展；研究对象由机载高光谱数据的大豆、玉米等大宗粮食作物到卫星高光谱数据中的果园；在高光谱遥感农作物分类算法研究方面，由最初的基于统计特征分类和基于光谱信息分类过渡到基于光谱—空间特征分类和分类器集成系统，高光谱遥感农作物分类已经取得了一定的成果，但仍存在一些不足，需要进一步开展深入研究。

卫星高光谱影像光谱分辨率高，可以识别农作物间微小的光谱差异，但空间分辨率较低，适合 GF-5 卫星高光谱图像的融合方法还未明确。

高光谱数据具有维数高、数据冗余量大、波段间相关性强、数据处理工作量大等问题，面向 GF-5 高光谱图像农作物分类的关键波段和特征未完成优选。

在种植结构复杂地区，卫星高光谱遥感农作物分类的最优分类算法尚未确定。

在同等条件下，高光谱、多光谱图像农作物分类的精度和效率没有进行定量的评价，还需要进一步研究。

第三节　研究思路及研究内容

一、研究思路

针对当前的研究问题，本书以 GF-5 AHSI 高光谱图像和 GF-1 PMS 全色图像为数据源，选取廊坊市广阳区农科院万庄实验基地为研究区，比较了 6 种方法的融合图像质量，优选出卫星高光谱图像提高空间分辨率的方法。对融合后影像进行数据降维（包括波段选择、特征提取、特征选择）结果进行比较，选出适合卫星高光谱图像数据降维的方法。

选取 3 种分类器（SVM、RF、MLC），通过比较总体分类精度、Kappa 系数、用户精度、制图精度，选出适合地形复杂地区的农作物分类算法。最后定量比较了高光谱图像和多光谱图像农作物分类精度和效率，旨在为高光谱农作物精细分类提供参考依据。

二、研究内容

图像融合。选取 GF-5 AHSI 高光谱图像和 GF-1 PMS 全色图像作为卫星高光谱图像融合的数据源，选取和设计多种方法研究高光谱影像与全色影像融合：GS 法、IHS 变换法、Brovey 法、PCA 变换法、谐波分析法、改进 PCA 变换法。选取标准差（STD）、光谱角（SAM）、全局相对误差（ERGAS）、结构相似度（SSIM）、均方根误差（RMSE）作为评价指标，评价各种高光影像与全色影像融合方法的效果。

数据降维。采用波段选择和特征挖掘 2 种方式进行高光谱遥感数据降维方法研究。对于波段选择，首先对野外测量的农作物光谱曲线进行倒数变换、对数变换、一阶微分变换、包络线去除，分析各种农作物间的光谱差异，对高光谱数据进行波段初选；然后采用稀疏表示、聚类排序、改进萤火虫算法 3 种波段选择方法，选取平均信息熵（ACC）、平均相关系数（ACC）、J-M 距离、总体分类精度（OA）优选适合卫星高光谱图像农作物分类的有效波段。对于特征挖掘，首先提取空间和光谱特征，构建特征集合数量为 211 个；然后采用随机森林、嵌入式 L_1 正则化、类内类间距离 3 种特征优选算法，选取混淆矩阵中的总体分类精度、Kappa 系数、制图精度、用户精度评价特征选择方法的优劣程度。

分类算法优选。选择支持向量（SVM）、随机森林（RF）、最大似然分类器（MLC）进行高光谱遥感农作物分类算法研究。以地面调查数据作为参考，对各种分类算法的精度进行检验，优选出适合农作物的高光谱遥感分类算法。

不同遥感数据源农作物分类精度评价。在同等条件下，选取支持向量（SVM）分类器对高光谱图像、多光谱图像的农作物分类精度和效率进行定量比较。以地面调查数据作为验证数据，选取总体分类精度、Kappa 系数、制图精度、用户精度确定高光谱、多光谱图像哪种数据源更适合地形复杂地区农作物精细分类。

第四节　技术路线及研究框架

一、技 术 路 线

本书采用以下技术路线进行研究（图 1.1）。

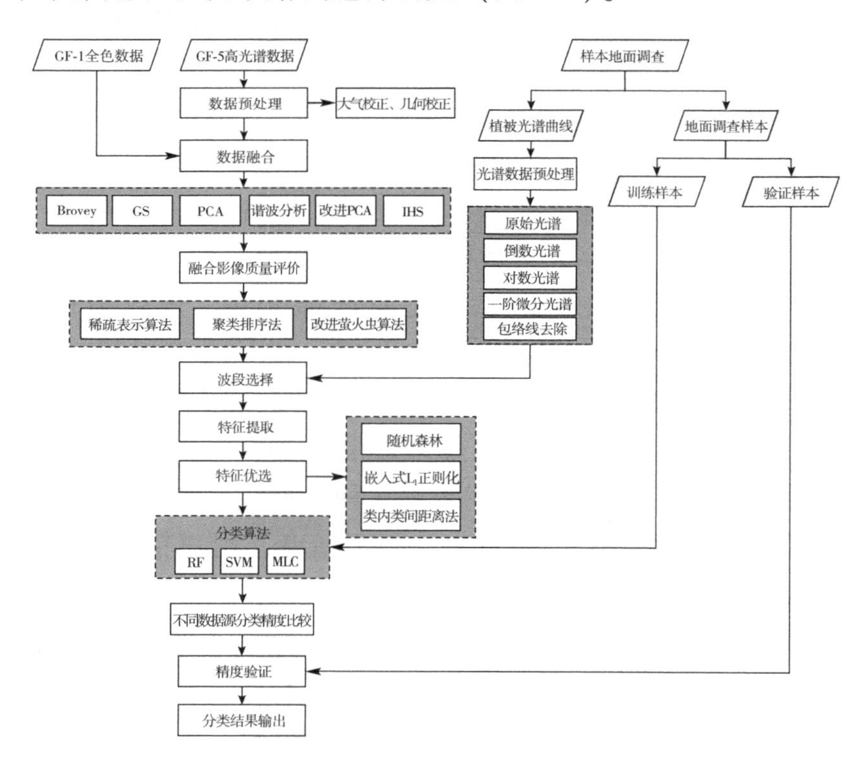

图 1.1　技术路线图

二、研究框架

第一章 绪论。主要介绍高光谱遥感的研究背景与意义、面向农作物分类的高光谱遥感数据源变换、高光谱影像融合方法研究进展、高光谱数据降维方法研究进展、农作物高光谱遥感分类算法研究进展，同时对本书研究思路、研究内容和技术路线进行了叙述。

第二章 研究区及数据。首先对本书研究区的自然条件、地理环境、主要种植的农作物类型、主要农作物的物候期进行了介绍。然后介绍了研究区使用的高光谱遥感数据、多光谱数据全色数据的收集与预处理，野外农作物高光谱数据采集的详细过程。

第三章 图像融合。主要介绍了图像融合的研究现状，选取和设计了 Gram-Schmidt 法、PCA 变换、Brovey、谐波分析、IHS 变换、改进 PCA 变换 6 种图像融合方法，选取标准差（STD）、光谱角（SAM）、全局相对误差（ERGAS）、结构相似度（SSIM）、均方根误差（RMSE）多个评价指标优选出适合卫星高光谱图像融合的方法。

第四章 数据降维。主要包括波段选择和特征挖掘 2 个部分。对于波段选择，首先通过对研究区典型地物光谱曲线进行分析，寻找到农作物光谱差异大的特征空间，对高光谱图像进行波段初选。然后采用聚类排序法、稀疏表示法、改进萤火虫算法 3 种波段选择方法，计算波段子集的平均信息熵、平均相关系数、J-M 距离、体分类精度评价 3 种方法的波段选择结果。对于特征挖掘，首先提取高光谱图像的光谱和空间特征，采用嵌入式 L_1 正则化、类内类间距离、随机森林 3 种特征优选方法，比较 SVM 分类器得到的总体分类精度、Kappa 系数、制图精度用户精度，以此优选出适合高光谱图像农作物分类的特征选择方法。

第五章 农作物分类算法优选。基于高光谱图像采用了支持向量机、随机森林、最大似然 3 种分类器，通过混淆矩阵获取的总体分类精度、Kappa 系数、用户精度、制图精度评价农作物分类算法。

第六章　高光谱、多光谱图像农作物分类精度比较。首先分别基于高光谱图像和多光谱图像采用支持向量机分类器对研究区农作物进行分类。然后基于混淆矩阵获取的总体分类精度、Kappa 系数、用户精度、制图精度定量地比较高光谱、多光谱图像农作物分类的精度和效率。

第七章　结论与展望。对研究结果进行总结分析，并提出展望。

第二章　研究区及数据

第一节　研究区概况

研究区选在河北省廊坊市广阳区，廊坊市位于华北平原中东部，河北省中部（38°28′~40°15′ N、116°7′~117°14′ E）。该市北起燕山，南至黑龙港流域，北部与北京为邻，西部与保定市接壤，南部与沧州市相连，东部与天津市交界。廊坊市大部分为平原，地貌平缓单调，高程 2. 5~30 m，平均海拔为 13 m 左右，地处中纬度地带，属暖温带大陆性季风气候，夏季炎热多雨，冬季寒冷干燥，春季干旱多风沙，秋季秋高气爽。年平均气温 11. 9 ℃，年平均无霜期为 183 d 左右，全市年平均降水量为 554. 9 mm。

廊坊市受地质构造的影响，大部处于凹陷地区，随着地壳下沉，地面逐渐被第四纪沉积物填平，致使新生界地层沉降厚度较大，由于洪积、冲积作用和河流多次决口改道淤积，沉积物交错分布，加上风力及人为活动的影响，境内地貌差异性较大，缓岗、洼地、沙丘、小型冲积堆等遍布。

廊坊市南北狭长，地形复杂，植被种类繁多。全市植物资源有 127 科，400 余属，920 种。栽培植物有粮食作物、豆类、薯类、油料、棉麻、烟草、药材、蔬菜、瓜类、林果、牧草 11 类共 100 多种。丘陵地区以旱生灌丛草本植物为主，树少且多为人工栽培。阴坡植被茂密而阳坡植被稀疏。野生植被有酸枣、荆条、胡枝子、白草等。栽培植被有枣树、核桃树、柿子树等。在谷地、山间盆地种植玉米、谷子、小麦等栽培作物。山麓平原上部坎沟多为酸枣、毛地黄等野生耐旱植被。平原农田中一般为禾本科杂草，栽培作物为谷子、玉米等。冲积平原野生植被主要生长在田间隙地、路边，田间稀少。

研究区境内地形复杂，植被种植类型繁多。研究区的分类体系包括玉米、桃树、桑树、栾树、大棚、红薯、花生、建筑、葡萄、白菜、其他蔬菜共 11 个类别，其中其他蔬菜又包括大蒜、萝卜、花菜。调查研究区内农作物的物候期，能够为制定野外地面调查实验提供数据支撑，为获取高光谱、多光谱图像提供时相参考。本研究收集了研究区内主要农作物玉米、大豆、红薯的物候期，如表 2.1 所示。

表 2.1　廊坊市农作物物候期概况

农作物	物候期				
玉米	播种出苗期	拔节期	抽穗期	乳熟期	成熟期
	6 月初至 6 月中旬	6 月中旬至 7 月下旬	8 月上旬至 8 月下旬	8 月下旬至 9 月中旬	9 月下旬至 10 月下旬
大豆	播种出苗期	花芽分化期	结荚期	谷粒成熟期	
	4 月中旬至 4 月下旬	5 月上旬至 6 月上旬	6 月中旬至 7 月下旬	8 月上旬至 9 月下旬	
红薯	发根缓苗期	分枝结薯期	薯叶盛长期	成熟期	
	5 月上旬至 5 月中旬	5 月下旬至 6 月下旬	7 月上旬至 8 月上旬	8 月中旬至 9 月下旬	

第二节　数据收集与处理

一、高光谱卫星遥感影像

选取 GF-5 AHSI 高光谱图像作为数据源。GF-5 卫星于 2018 年 5 月 9 日发射，设计寿命 8 年。GF-5 卫星装载了 2 台全新研制的陆地观测载荷，分别是可见短波红外高光谱相机（AHSI）和全谱段光谱成像仪（VIMI），用于获取紫外到短波红外波段范围的高光谱分辨率遥感影像。表 2.2 介绍了 GF-5 卫星详细参数。GF-5 AHSI 图像空间分辨率是 30 m，可见光光谱分辨率可达 5 nm，幅宽为 60 km，包括 150 个可见光—近红外波段，180 个短波红外波段。GF-5 卫星的高光谱数据在植被精细分类监测、不同内陆水体（河流、湖泊等）的水华与水质监测、矿山矿物信息的精细提取与丰度定量等地质调查等方面具备突出的能力。GF-5 AHSI 高光谱影像从中国资源卫星应用中心获取（http：//www. cresda. com/CN/）。考虑影像云量、影像成像时间与研究区农作物物候，选取 1 景 2019 年 8 月 25 日 GF-5 AHSI 影像，影像云量小于 10 %。

表 2.2　GF-5 卫星参数（太阳同步回归轨道）

参数名称	数值
轨道类型	—
轨道高度	705 km
回归周期	51 d
可见光波谱范围	390~1 030 nm
短波红外波谱范围	1 000~2 500 nm
光谱分辨率	VNIR：5 nm SWIR：10 nm
空间分辨率	30 m
幅宽	60 km
光谱波段	330
重访周期	7 d

注：设计寿命为 8 年。

通过 ENVI 5. 5 软件对 GF-5 高光谱数据进行预处理。GF-5 高光谱图像预处理步骤包括辐射定标、大气校正、几何校正和图像裁剪。

1. 辐射定标

辐射定标是将遥感影像中记录的原始 DN 值转换为辐射亮度值，目的是为了纠正传感器本身的误差，确定传感器输入时的准确辐射值。计算公式如下：

$$L = \mathrm{DN} \times gain + bias \tag{2.1}$$

式中，L 是卫星载荷通道入瞳处等效辐射亮度，单位是 W/（m^2 · μm · sr）；DN 是卫星载荷观测值；*gain* 是定标斜率；*bias* 是定标截距，定标系数由资源卫星应用中心提供。

2. 大气校正

大气校正将遥感影像的辐亮度转换为地表反射率，目的是消除大气和光照等因素对地物反射的影响。本研究使用的是 ENVI 软件大气校正模块——FLAASH 大气校正，该模块整合了 MORTRAN4+模型，广泛应用于高光谱影像大气校正。计算公式如下：

$$\rho = \pi L\, d_s^2 / (E_0 \cos\theta) \tag{2.2}$$

式中，d_s 是日地天文单位距离；E_0 是太阳辐照度；θ 是太阳天顶角。

图 2. 1 为 GF-5 高光谱影像进行大气校正前和大气校正后提取的植物光谱曲线。由图可以看出大气校正前农作物在 350~2 500 nm 的光谱曲线不符合植被的典型光谱特征，而大气校正之后的农作物光谱曲线除了去除的水汽波段，其他特征均符合植被典型光谱特征。

3. 几何校正

本研究进行几何校正选择的方法是图像对图像。选取 1 景 2019 年 8 月 21 日的 Sentinel-2 遥感影像作为参考图像，采用二次多项式方法对 GF-5 高光谱图像进行几何校正，根据地面控制点（GCP）和对应像点坐标确定二次多项式系数。通过均方根误差 RMSE 评价几何校正精度，当 RMSE<0. 1 时，停止选取控制点。共选取 60 个控制点。采用三

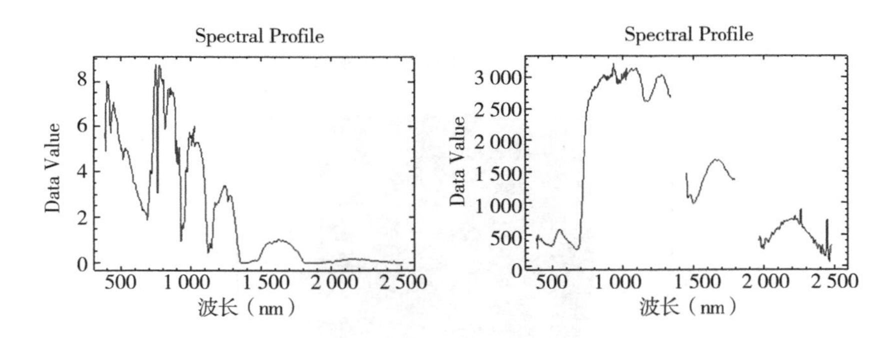

图 2.1　植物光谱曲线校正前后对比

注：左边为校正前光谱曲线，右边为校正后光谱曲线。

次卷积重采样法对配准后的 GF-5 高光谱图像进行重采样处理，重采样后的高光谱图像空间分辨率 30 m。

4. 图像裁剪

利用研究区矢量边界对预处理后的 GF-5 影像进行裁剪处理，得到研究区高光谱遥感图像。预处理之后的高光谱图像如图 2.2 所示。

二、多光谱卫星遥感影像

选取 GF-1 PMS 图像提供数据源，GF-1 卫星发射的主要目的是解决高空间分辨率、高时间分辨率结合难的问题，其具有空间分辨率高、覆盖范围大等优点。GF-1 卫星于 2013 年 4 月 26 日发射，表 2.3 介绍了 GF-1 卫星的详细参数。GF-1 卫星传感器包括 2 台多光谱全色相机，全色图像空间分辨率为 2 m，多光谱图像空间分辨率为 8 m，4 台 16 m 分辨率多光谱相机。GF-1 PMS 遥感影像包括蓝色（450~520 nm），绿色（520~590 nm），红色（630~690 nm）和近红外（770~890 nm）4 个波段。本研究选取了 1 景 2019 年 7 月 12 日 GF-1 PMS 影像，影像云量均小于 10 %。

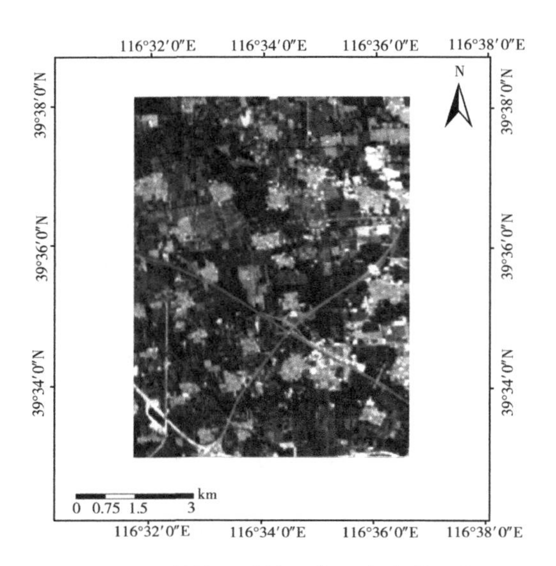

图 2.2　预处理后的研究区高光谱影像

表 2.3　GF-1 卫星参数

	波段号	谱段范围/μm	空间分辨率/m	幅宽/km
全色多光谱相机	1	0.45～0.90	2	60（2 台相机）
	2	0.45～0.52	8	
	3	0.52～0.59	8	
	4	0.63～0.69	8	
	5	0.77～0.89	8	
多光谱相机	6	0.45～0.52	16	800（4 台相机）

GF-1 PMS 多光谱图像预处理同样通过 ENVI 5.5 软件完成。预处理流程包括辐射定标、大气校正、正射校正、图像融合、几何校正和图像裁剪。

1. 辐射定标

为了纠正传感器本身的误差，对遥感图像进行辐射定标处理，按照公式（2.1）计算。

2. 大气校正

大气校正将遥感影像的辐亮度转换为地表反射率，目的是为了消除大气和光照等因素对地物反射的影响。本研究使用的是 ENVI 5.5 软件大气校正模块——FLAASH 大气校正对多光谱图像进行校正。

3. 正射校正

在图像融合之前需要对多光谱、全色影像分别进行正射校正，GF-1 PMS 数据中包括了 RPC 文件，ENVI 会自动将 RPC 嵌入处理结果中。基于无控制点对多光谱/全色数据进行正射校正，通过 ENVI 5.5 自带的 30 m 分辨率 DEM 数据对全色影像和多光谱影像进行无控制点正射校正。

4. 图像融合

利用 ENVI 软件中的 Image Sharpening 模块对预处理后的多光谱影像和全色影像进行融合处理，选取 Gram-Schmidt 方法，将多光谱影像的空间分辨率提高至 2 m。

5. 几何校正

选择图像对图像方法进行几何校正。选取 1 景 2019 年 8 月 21 日的 Sentinel-2 遥感影像作为参考图像，采用二次多项式方法对 GF-1 融合图像进行几何校正，根据地面控制点（GCP）和对应像点坐标确定二次多项式系数。通过均方根误差 RMSE 评价几何校正精度，当 RMSE<0.1 时，停止选取控制点。共选取 20 个控制点。采用三次卷积重采样法对配准后的 GF-1 图像进行重采样处理，重采样后融合图像的空间分辨率为 2 m。

6. 图像裁剪

利用研究区矢量边界对预处理后的 GF-1 影像进行裁剪处理，得到研究区多光谱、全色以及融合图像。预处理后的多光谱图像如图 2. 3 所示。

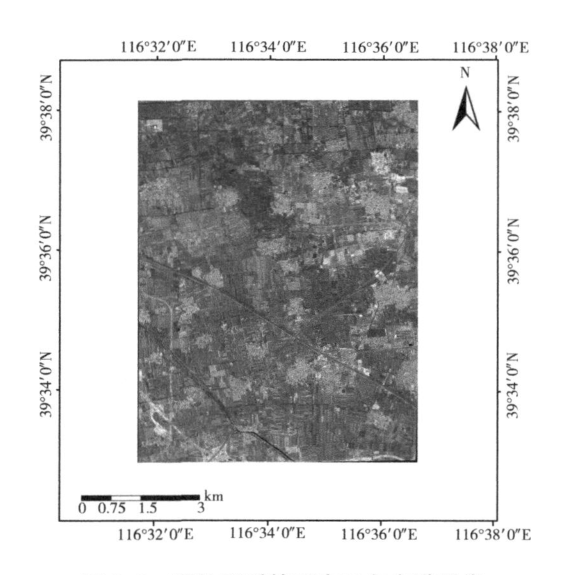

图 2. 3 预处理后的研究区多光谱影像

三、样本地面调查数据

结合地面调查与 Google Earth 高分辨率影像，将研究区典型农作物类型分为玉米、桃树、桑树、栾树、大棚、红薯、花生、建筑、葡萄、白菜、其他蔬菜 11 个类别。针对每种类别利用全球定位系统进行地面样点地理位置采集，并通过相机对 9 种农作物的野外环境进行拍照，详细记录周围环境。9 种农作物的实地照片如图 2. 4 所示。

随机选取地面调查样点，但选取的样点在研究区内要尽可能地均匀分布。共采集野外样点数 380 个，将样本数据在全色影像上（2 m）展示出来，研究区内典型地物样点分布如图 2. 5 所示，样点数量及像元数见表 2. 4。野外调查能够比较全面地掌握研究区内主要农

图 2.4　研究区内农作物实地照片

作物种植类型及分布情况，为建立准确的地物解译标志提供了数据保障和先验知识，同时为分类结果的精度检验提供准确数据。

表 2.4　各地物类别对应的样点数量和像素

地物类型	训练集		验证集	
	样本数	像元数	样本数	像元数
红薯	19	3 986	8	1 927
葡萄	12	748	6	371
栾树	24	1 755	12	904

续表

地物类型	训练集		验证集	
	样本数	像元数	样本数	像元数
玉米	54	2 705	27	1 445
花生	30	1 565	15	808
桑树	25	2 075	13	1 102
大棚	13	13 704	7	6 701
桃树	33	2 416	16	1 219
其他蔬菜	21	752	10	432
白菜	21	498	11	248
建筑	9	55 505	4	25 213

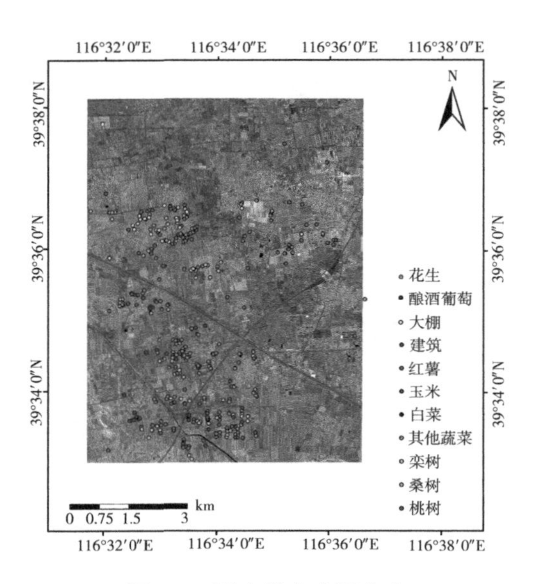

图 2.5 调查样点空间分布

四、光谱野外观测数据及预处理

采用美国 ASD 公司 Field Spec 4 地物光谱仪测量研究区玉米、桃树、桑树、栾树、红薯、花生、葡萄、白菜、其他蔬菜 9 种农作物的光谱曲线。Field Spec 4 地物光谱仪光谱范围为350~2 500 nm，通道数包括 2 151 个，光纤探头视场角为 25°。测定时间为每天10：00~14：00，测定时天空晴朗无云，无风或微风，空气湿度小，仪器探头距离农作物冠层顶部 0. 7 m，垂直向下。根据研究区农作物生长环境和空间分布特征，每种农作物选择 15 个测量点，每个测量点记录 5 条光谱，每隔 0. 5 h 对仪器进行优化和校正。此次共采集农作物光谱测量样点 135 个，采集样点空间分布如图 2. 6 所示。

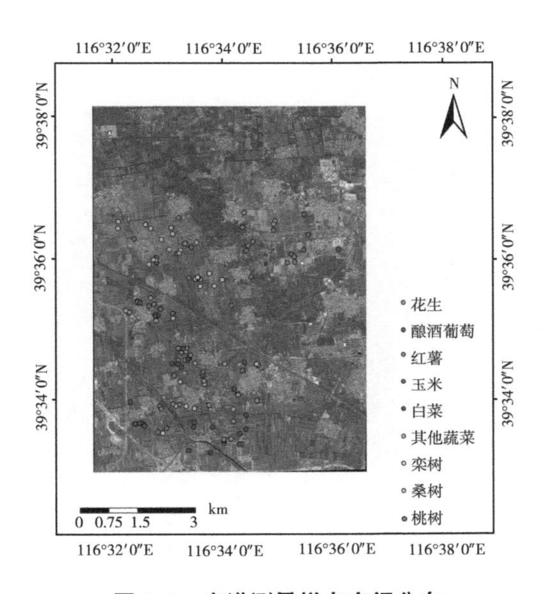

图 2. 6　光谱测量样点空间分布

光谱曲线预处理由 ASD 光谱仪所配套的 ViewSpecPro 软件完成。首先逐条加载农作物的光谱曲线，每个点上测量 5 条光谱曲线，并删除异常值。然后为每个样点找到光谱曲线的平均值。最后求出 9 种农作物光谱曲线的平均值，输出为 txt 文本文件。

第三章　高光谱图像融合方法研究

第一节　绪　　论

高光谱图像利用大量地物目标窄波段的电磁波来获取有用信息，一幅高光谱图像包含成百上千个相邻的波段，光谱分辨率可达纳米级，包含丰富的光谱信息（Sun et al.，2015）。高光谱影像拥有较高的光谱分辨率，但高空间分辨率和高光谱分辨率是相互冲突的，受技术的限制，高光谱图像的空间分辨率通常较低，有时甚至不能满足应用需求。而与高光谱图像相比，全色图像（PAN）和多光谱图像（MSI）具有相对较高的空间分辨率。图像融合是将 HSI 的光谱信息与 PAN、MSI 的空间信息相结合，得到融合后图像。融合后的图像具有较高的光谱分辨率和空间分辨率，可以提高高光谱分类和检测的准确性（张晓等，2016）。

融合过程必须满足 3 个条件：保留相关信息、消除不相关信息和噪声、最小化融合图像的人工干扰和不一致性。图像传感器产生的噪声会显著降低图像融合的质量。在融合图像之前，通常需要采用图像配准算法对源图像进行配准。低空间分辨率的 HS 图像需要重新采样到与 PAN、MS 图像相同分辨率的新图像中。融合过程中忽略的配准误差会显著影响融合质量。

根据融合层次，可以分为像素级融合、特征级融合、决策级融合。像素级融合是在原始信息的基础上进行的融合，该方法尽可能多的保留了影像的原始信息。特征级融合是在影像特征提取后实现数据融合，该方法是先进行特征提取，然后再融合，尽可能避免了数据冗余造成的处理困难。决策级融合是将遥感影像局部信息进行融合。本书主要研究的融合方法是基于像素级进行的。

根据融合数据类型，高光谱图像融合可分为高光谱、全色图像融合和高光谱、多光谱图像融合 2 种，其中高光谱、全色图像融合也称为全色锐化。Dong et al.（2019）提出基于引导滤波和高斯滤波高光谱图像融合方法，首先，利用 HSI（Hyper-Spectral Imagery）各波段的高频信息作为引导滤波器的引导图像；然后，从 PAN 图像和 HSI 图像中提取总体空间细节；最后，将空间细节注入 HSI 低频信息的各波段生成融合图像。结果表明，该方法在客观质量评价和主观视觉效果均较好。Naoto et al.（2017）提出了耦合非负矩阵分解（Coupled Non-negative Matrix Factorization，CNMF）分解方法，该方法利用基于线性光谱混合模型的 CNMF 算法，将高光谱和多光谱数据交替分解为端元和丰度矩阵，将 2 个数据关联起来的传感器观测模型建立在每个 NMF 分离过程的初始化矩阵中，研究结果表明该算法在空间域和光谱域均能产生高质量的融合数据。本章首先对高光谱图像全色锐化方法进行总结归纳，主要方法有成分替换法、多分辨率分析法、模型优化法和混合法。

一、基于全色锐化图像融合

（一）成分替换法（CS 融合）

CS（Component Substitution）融合方法是将高光谱、全色图像变换到另一个空间的投影，首先，将低空间分辨率影像的空间结构与光谱信息分离开；然后，将包含空间结构的分量与高空间分辨率影像进行直方图匹配并替换（2 种图像具有相同的平均值和方差）；最后，通过逆变换将数据还原到原始空间得到融合后的影像（Kang et al.，2014）。代表方法有 IHS 融合（Intensity Hue Saturation，IHS）、广义 IHS 融合、PCA 融合、Gram-Schmidt（G-S 融合）、BT 融合等（易正俊等，2009；Yuan et al.，2017；刘川 等，2018；Hariharan et al.，2018）。IHS 变换在 H 分量和 S 分量中分离光谱信息的能力较强，而在 I 分量中分离空间信息的能力很强。Guo et al.（2013）提出了将离散分数阶随机变换与 IHS 相结合的方法。Tu et al.（2004）提出了快速 IHS 融合方法，该方法除了具有快速的图像融合计算能力外，还可以将传统的三阶变换扩展到任意阶。然而，快速 IHS 融合作为 IHS 融合技术，存在同样的光谱扭曲失真的问题。Yang et al.（2018）提出基于涟波变换和压缩感知的图像融合方法，首先，将 IHS 变换应用于 MS 图像中分离强度分量；然后，对强度分量和 PAN 图像进行离散小波变换，得到多尺度子图像；最后，结合小波逆变换和 HIS 逆变换生成融合图像。研究结果表明，该方法获得了较高的空间分辨率和较好的光谱保真度。PCA 变换是将具有相关变量的多元数据转换为不相关变量的统计技术。第 1 个主成分 PC_1 包含了与 HSI 波段高度相关的信息。将 PC_1 替换为 PAN 图像，需要对 PAN 图像进行拉伸，使其具有与 PC_1 相同的均值和方差。Li et al.（2016）提出了基于改进主成分分析法和最优加权傅里叶变换的高光谱图像锐化方法，首先，对 HSI 进行插值，利用改进的 PCA 方法来获取 HSI 的空间信息；其次，将 PAN 图像与所选的分量通道进行直方图匹配，选择最优加权融合策略从 PAN 和 HSI 中提取足够的空间细节信息；最后，生成注入增益矩阵以减小光谱失真，并将提取的空间细节注入插值 HSI 中，得到融合后图像。Shahdoosti et al.（2016）对相邻像素的空间信息进行了 PCA 变换，提出了新的混合算法结合频谱主成分分析和空间主成分分析方法。除了二阶统计分量变换、基于数据方差的主成分变换和基于信噪比的最大噪声分离（MNF）变换外，还有基于三阶统计量的偏度、基于四阶统计量的峰度、基于统计量的最大噪声分离（MNF）变换等高阶统计量的成分分析变换。此类方法能较好地保持图像的空间信息，而光谱信息会存在一定的光谱失真。GS 正交化过程是一种经典的平移锐化方法，首先，对 HSI 进行插值，插值到与 PAN 图像同样大小；然后，从同一向量的所有分量减去每个波段的均值，在正交化过程中，将 PAN 图像的低分辨率合成近似作为新的正交基的第 1 个向量。此时，在已知正交向量及其正交分量定义的超平面上求其投影，其中正交分量和投影分量之和等于原波段的零均值。BT 变换将用于 RGB 显示的高光谱波段归一化，并将结果与任何其他所需数据相乘，将强度或亮度成分添加到图像中。此类方法能较好地保留光谱信息，但缺点是由于提取的空间信息仅包含了特定波段范围内的空间结构，与低分辨率图像的空间结构不匹配，造成空间结构失真。该类方法融合后的影像空间信息保真度非常高，方法运行快速且易于实现。但是此类算法没有考虑到影像光谱不匹配导致的影像局部差异较大的问题，因此可能会产生较为明显的光谱畸变。

（二）多分辨率分析法（MRA）

近年来，基于多尺度分解的图像融合方法已成功地应用于不同的应用领域，如高光谱图像融合。金字塔变换和离散小波变换等多尺度分解方法已被应用于图像融合中。在基于多尺度分解图像融合方法中主要包括 3 个步骤：首先，利用金字塔变换或小波变换将源图像分解为多个尺度层次；其次，对源图像的各个层次采取不同的融合规则进行融合；最后，进行逆变换得到融合后的图像。虽然变换的使用增加了计算复杂度，但在融合影像的光谱保真度和空间保真度方面，该算法具有非常好的性能。在多分辨率分析融合方法中，基本融合规则应用于图像在各个分辨率级别的多尺度表示，而在非多分辨率分析融合方法中，基本融合规则直接应用于源图像。基于多分辨率分析的方法大多采用小波变换、曲波变换和轮廓波变换。提取空间细节的变换包括离散小波变换、非抽取小波变换、àtrous 小波变换、拉普拉斯金字塔、Contourlet 变换、Curvelet 变换（赵春晖 等，2011；Kotwal et al.，2013；韩潇 等，2014；张筱涵 等，2017）。在金字塔表示中，空间分辨率和图像大小从一级下降到下一级，而在 àtrous 小波变换算法中（空间分辨率从一级下降到下一级），但所有级别的图像大小是恒定的。虽然变换的使用增加了计算复杂度，但在融合影像的光谱保真度和空间保真度方面，该算法具有非常好的性能。

Ghahremani et al.（2015）提出了基于涟波变换和压缩传感理论的遥感图像融合方法，以最大限度地减小平移后多光谱图像波段相对于原始波段的光谱畸变；该方法首先通过纹波提取全色图像的空间细节，然后通过压缩感知注入模型注入多光谱波段中，以达到提高多光谱图像空间分辨率的目的。Upla et al.（2015）提出了利用轮廓波变换进行多分辨率融合的方法，该方法将低空间分辨率和高光谱分辨率的多光谱图像建模为其高空间分辨率的退化和噪声版本。首先通过轮廓波变换域学习，从多光谱图像和全色图像中得到融合图像的初始估计，融合图像的纹理建模为均匀马尔可夫随机场。Chang et al.（2010）提出了基于多轮廓波变换的自适应遥感影像融合方法，基于黄金分割算法自适应选择低通系数的融合权值。利用局部能量特征对高频方向系数选择较好的融合系数。Zheng et al.（2008）提出了使用多尺度映射最小二乘支持向量机的多光谱平移锐化方法，在最小二乘支持向量机方法中，利用支持值来表示图像的显著特征，并利用支持值变换进行图像信息提取，将低分辨率的多光谱波段重新采样到全色图像的精细尺度后，将高分辨率全色图像提取的细节特征注入多光谱图像中进行锐化，利用多尺度高斯径向基函数核映射最小二乘支持向量机的多尺度支持值滤波器实现支持值分析。Gomez et al.（2001）提出了基于小波变换的高光谱与多光谱图像数据融合方法，该方法利用高光谱和多光谱图像融合的小波概念，在高光谱的 2 个光谱级之间进行图像融合，再和 1 个波段的多光谱图像创建融合图像，它具有与高光谱图像相同的光谱分辨率和与多光谱图像相同的空间分辨率，并且伪影最少。因此，这种方法的融合效果在很大程度上取决于频率范围内的采样方法。Cheng et al.（2015）提出将小波变换和稀疏表示相结合的图像融合方法，首先，对多光谱图像进行 IHS 变换；然后，分别用小波变换对多光谱图像和全色图像的强度分量进行多尺度表示，对低频子图像和高频子图像采取不同的融合策略；最后，通过小波逆变换和 IHS 逆变换得到融合结果。

（三）模型优化法

建立全/多光谱影像之间的观测模型，构建最优化能量函数，通过模型的优化求解得到融合影像。该方法假设高空间分辨率高光谱图像的空间退化可以获得低空间分辨率多光谱图像，将全色图像视为高空间分辨率多光谱图像的光谱退化结果。这种算法融合精度较高，在光谱保真方面性能较好，但模型求解复杂，效率较低。Dong et al.（2019）提出了新的基于优化注入模型的高光谱图像锐化算法。首先对插值的 AVIRIS HSI 和 PAN 图像分别采用形态学开闭运算去噪；然后通过形态学梯度运算和同态滤波分别提取去噪后 HS 图像和 PAN 图像的空间分量，对结果进行主成分分析，得到第 1 个主成分作为总体空间细节；最后将增益矩阵加权后的总空间信息与插值后的 HS 图像相结合生成锐化图像，并构造新的增益矩阵以减少光谱和空间畸变。

这类方法的核心思想是将图像融合看成逆向重建问题，通过建立源图像和融合图像之间的关系模型，优化求解得到融合图像结果，代表方法有基于稀疏表示图像融合。Dian et al.（2016）提出了一种基于空间光谱稀疏表示（SSSR）的方法，该将融合问题视为从 LR-HSI 和 HR-MSI 中估计基础光谱和系数的问题。将非局部空间相似性、光谱解混的先验、融合问题的稀疏先验结合一起模拟空间光谱特征，设计基础光谱和系数估计的替代优化算法，实现了图像精准重构。Qi et al.（2015）提出以AVIRIS高光谱图像和TM多光谱图像为数据源，提出一种基于稀疏表示的图像融合算法。该算法提出融合HS和MS图像在有约束的优化框架内，通过结合稀疏正则化使用字典学习观察图像，了解经过训练的字典和代码的相应支持可以避免稀疏编码步骤固有的困难，优化问题可以通过对投影的目标图像和稀疏编码进行交替优化来解决。此类方法相比于前2类方法，能够更好地保持图像的空间与光谱信息。Dong et al.（2019）提出了新的基于优化注入模型的高光谱图像锐化算法，首先，对插值的AVIRIS HSI和PAN图像分别采用形态学开闭运算去噪；然后，通过形态学梯度运算和同态滤波分别提取去噪后HS图像和PAN图像的空间分量，对结果进行主成分分析，得到第1个主成分作为总体空间细节；最后，将增益矩阵加权后的总空间信息与插值后的HS图像相结合生成锐化图像，并构造新的增益矩阵以减少光谱和空间畸变。此类方法由于模型的严谨性，相比于前两类方法，能够更好地保持图像的空间与光谱信息。

（四）混合法

该方法结合了分量替换融合方法和多分辨率分析融合方法的优点，既保证了分量替换融合方法的空间保真度，又降低了光谱保真度的损失。Cheng et al.（2015）以IKONOS多光谱图像（MS）和全色图像（PAN）为数据源，提出将小波变换与稀疏表示相结合的遥感图像融合方法，以获得高光谱分辨率和高空间分辨率的融合图像，首先，将IHS变换应用于多光谱图像；然后，利用小波变换分别对MS图像和PAN图像的强度分量进行多尺度表示；最后，通过小波反变换和HIS逆变换得到融合结果。Li et al.（2005）提出了基于颜色转移的不可分离小波帧变换（NWFT）融合算法，该算法从多光谱图像中选择3个波段作为待融合的通道，生成灰度图像；然后，利用 NWFT 对 PAN 图像进行直方图匹配分解，NWFT 系数的低频波段被替换为灰度图像，对组合系数进行 NWFT 逆变换得到复合图像；最后，将 3 个波段映射到 RGB 颜色空间，通过颜色传递方法将颜色信息传递到合成图像中，得到最终的融合图像。Cheng et al.（2015）提出了小波变换和稀疏表示相结合的融合框架，首先，利用 IHS 变换从高光谱分辨率图像中分离出强度分量；其次，将基于滤波器的强度调制和小波变换分别应用于高光谱分辨率图像和高空间分辨率图像的强度分量，构建包含不同尺度的低频子图像和高频子图像的多尺度表示；最后，采用小波逆变换和 IHS 逆变换得到高空间、高光谱分辨率的融合图像。

二、基于成像模型图像融合

基于成像模型方法主要包括基于混合像元分解方法和基于张量分解方法。基于混合像元分解的方法利用了光谱分解原理，在传感器特性的约束下，分别从高光谱图像和多光谱图像中获取端元信息和高分辨率丰度矩阵，来重建融合后图像。Naoto et al.（2012）提出了耦合非负矩阵分解（CNMF）分解方法，该方法利用基于线性光谱混合模型的 CNMF 算法，将高光谱和多光谱数据交替分解为端元和丰度矩阵。将 2 个数据关联起来的传感器观测模型建立在每个 NMF 分离过程的初始化矩阵中。研究结果表明该算法在空间域和光谱域均能产生高质量的融合数据。Zhou et al.（2017）提出结合线性谱分解和局部低秩特性的融合算法，利用光谱图像的局部低秩特性，首先，将光谱图像分割成小块，分别提取多光谱图像和高光谱的丰度和端元；然后，通过交替更新算法更新丰度和端元。在 AVIRIS、HYDICE 数据集上进行的试验表明，本章提出的融合算法在空间域和光谱域上都优于最新的融合算法。Lin et al.（2017）提出基于双子空间约束矩阵分解分量和残差的融合图像模型，在此基础上将融合问题转化为矩阵最小均方误差估计；然后为了有效地逼近未知项的后验分布，提出了基于变分贝叶斯推理的估计方法。基于张量分解的方法通过将高光谱图像表示成三维张量，利用光谱字典、张量核去逼近高空间和光谱分辨率的融合结果。Dong et al.（2020）将结构张量和抠图模型结合，提出了新的基于成分变换的高光谱图像融合框架，该方法利用结构张量精确估计 HSI 的缺失空间成分，而且有效地保留了 HSI 的光谱信息；试验结果证明了该算法在保持光谱信息和增强空间信息方面的有效性。Li et al.（2021）提出基于非局部低秩张量近似和稀疏表示的高光谱、多光谱图像融合方法，首先，将高光谱图像和多光谱图像认为是高分辨率高光谱图像的空间和光谱退化版本；然后，采用非局部低秩约束项形成非局部相似度和空间谱相关性，同时增加稀疏约束项来描述丰度的稀疏性；最后，建立融合模型，采用乘数交替方向法对融合模型进行优化求解。Xu et al.（2020）提出用于高光谱与多光谱图像融合的非局部张量分解模型，首先，根据多光谱图像构造高光谱图像的非局部相似块张量，计算所有块的平滑排序进行聚类；然后，利用耦合张量正则多项式探讨高分辨率高光谱图像与多光谱图像之间的关系。

三、基于深度网络图像融合

基于深度网络的方法将低分辨率图像作为深度网络的输入，通过学习低、高分辨率图像之间端到端的映射，输出高分辨率的图像。由于深度网络自身特点，这类融合方法的性能提升点在于构造更加合理的损失函数、处理图像残差和使用更深层次的框架结构。Yang et al.（2011）提出了基于双分支卷积神经网络的多光谱与高光谱图像融合方法，该方法采用 2 个分支网络从低空间分辨率高光谱图像和高空间分辨率多光谱图像中分别学习得到对应的空谱信息，并将其串联输入到另外 1 个网络，从而得到高空间分辨率高光谱图像。Han et al.（2019）以 AVIRIS 高光谱图像和 IKONOS 多光谱图像为数据源，提出一种基于聚类和多分支 BP 神经网络相结合的图像融合方法；该方法在训练阶段，首先，采用无监督聚类将多光谱图像的光谱按照光谱相关性划分为簇；然后，利用聚类后的图像和对应的高光谱图像的光谱对训练多分支 BP 神经网络，建立每个聚类的光谱映射实现高光谱图像和多光谱图像之间的融合。Lu et al.（2021）提出了基于耦合卷积神经网络的细节注入方法，用来实现 AVIRIS 高光谱图像和 TM 多光谱图像融合；该方法利用多个卷积神经网络作为特征提取方法，分别从高光谱图像和多光谱图像中学习细节，通过附加 1 个额外的卷积层，将 2 幅图像提取的特征连接起来，预测高光谱图像缺失的细节；研究结果表明，与现有的高光谱、多光谱图像融合方法相比，该方法具有更好的融合效果，具有良好的光谱保持能力，并且易于实现。Palsson et al.（2017）以 ROSIS 高光谱图像和 IKONOS 多光谱图像为数据源，提出利用三维卷积神经网络图像融合方法，以获得高分辨率的高光谱图像；在融合前先对高光谱图像进行降维，以减少计算时间，提高算法对噪声的鲁棒性；研究结果表明，与传统方法相比，该方法具有较好的应用前景，尤其当高光谱图像被噪声损坏结果更为明显。Zhou et al.（2019）提出由编码器子网络和金字塔融合子网络组成的金字塔全卷积网络图像融合方法，首先，是将低分辨率高光谱图像编码为潜图像；然后，利用潜在图像，结合高分辨率多光谱图像金字塔输入，以全局—局部的方式逐步重建高空间分辨率的高光谱图像；在 Hyperion、ROSIS、HYDICE 数据集上对该方法进行了评价，试验结果表明该方法比现有的几种方法具有更好的性能。

四、融合图像指标

在高光谱图像融合方面已经提出非常多的算法，然而融合算法的融合效果如何，对空间细节信息和光谱信息的保持和损失程度还需要进一步进行定性与定量评价。融合影像的定性评估通常通过目视解译实现。定量评价则用不同参数的数值进行定量化评价，或者通过信息提取如目标探测、地物分类等应用来进行定量化评估。其中根据是否需要参考图像，常用融合指标评价方法可分为 2 类即有参考图像评价指标和无参考图像评价指标。

有参考图像的评价指标通常通过比较参考图像及融合图像之间的在光谱维、空间维上的相关统计量。常见的评价指标有光谱角 SAM（Spectral Angle Mapper）、光谱信息散度 SID（Spectral Information Divergence）、通用图像质量指数 UIQI（Universal Image Quality Index）、均方根误差 RMSE（Root Mean Square Error）、相对平均光谱误差 RASE（Relative Average Spectral Error）、信噪比 SNR（Signal Noise Ratio）、峰值信噪比 PSNR（Peak Signal Noise Ratio）、相关系数 CC（Correlation Coefficient）、结构相似性 SSIM（Structural Similarity）和全局综合误差指标（ERGAS）等。

在大部分融合场景中，参考影像都难以获取。因此，直接利用原始数据以及融合重建数据，在原始的分辨率尺度上进行指标评价，在无参考影像的融合目标下更具有意义。常见的融合质量评价指标有无参考质量指标 QNR（Quality with No Reference）、均值（Mean Value）、方差（Variance）、标准差（Standard Deviation）、信息熵（Information Entropy）和平均梯度（Average Gradient）等。

在高光谱图像融合中，由高光谱图像、全色图像融合发展到高光谱、多光谱图像融合；在融合算法方面由多光谱全色锐化方法发展到高光谱全色锐化方法再发展到成像模型、深度网络方法应用到高光谱图像融合中，高光谱图像融合已经取得了一定的研究成果，但仍存在着一些不足之处，需要进一步研究。

目前高光谱图像融合算法大部分都是针对例如 AVIRIS、ROSIS 的机载高光谱数据，而对卫星高光谱图像融合研究非常少，而卫星高光谱影像一般选取的数据源是 Hyperion 图像，在以后的研究中可以多研究国产高光谱卫星影像的融合方法。

目前提出的融合方法大多是普适、共性的方法，针对特定应用场景的融合方法研究较少。有些应用对影像的空间细节和光谱保真度要求不一，在以后的研究中可以考虑这些因素，提高实际应用的精度。

深度网络开始应用于高光谱图像融合中，但仍处于刚起步的状态，存在着较多的不足之处和研究前景，在以后的研究中需要进一步完善和创新。

第二节　融合影像的收集与预处理

首先对 2 幅影像采用图像对图像的方法进行几何校正，参考图像选取 2019 年 8 月 21 日的 Sentinel-2 遥感影像作为参考图像，采用二次多项式方法对高光谱、全色图像进行几何校正。根据地面控制点（GCP）和对应像点坐标确定二次多项式系数，通过均方根误差 RMSE 评价几何校正精度，当 RMSE<0. 1 时，停止选取控制点。高光谱图像几何校正共选取 60 个控制点，全色图像几何校正共选取 20 个控制点。然后采用三次卷积重采样法对配准后的高光谱、全色图像进行重采样处理，重采样后的高光谱、全色图像的空间分辨率分别是 30 m 和 2 m。最后利用研究区矢量边界对预处理后的高光谱影像和全色影像进行裁剪处理，得到融合所需要的研究区高光谱、全色遥感图像（图3.1）。

图 3.1 GF-5 高光谱图像和 GF-1 全色图像的空间范围

第三节 影像融合方法

一、GS（Gram-Schmidt）法

GS 方法（李芳芳，2011）是基于 Gram-Schimdt 变换的图像融合方法，该方法融合时波段数目不受限制。融合后的图像不仅提高了空间分辨率，而且保持了原始图像的光谱特征。GS 变换是线性代数和多元统计中常用的正交变换，在任意可内积的空间内，任一组相互独立的向量均可通过 GS 变换找到一组正交基。设u_1，u_2，…，u_n为任意一

组相互独立的向量，GS 变换构造正交基v_1，v_2，…，v_n的计算如公式（3.1）所示，假设$u_1=v_1$，依次计算第 i+1 个正交向量：

$$v_{i+1}=u_{i+1}-proj_{w_i}u_{i+1} \tag{3.1}$$

$$proj_{w_i}u_{i+1}=\frac{\langle u_{i+1},v_i\rangle}{\|v_i\|^2}v_i,(i=1,2,\cdots,n) \tag{3.2}$$

式中，w_i是已计算的前 i 个正交所跨越的空间；$proj_{w_i}u_{i+1}$是u_{i+1}在w_i上的正交投影。

与主成分变换相比，GS 变换产生的各个分量是正交的，但是所包含的信息量不存在太大的区别。GS 变换图像融合包括 4 个步骤。

步骤 1，使用低空间分辨率图像模拟高空间分辨率图像。模拟方法有 2 种：一种是将高光谱图像根据波段权重W_i进行模拟，即模拟全色图像灰度值 $P=\sum_{i=1}^{k}W_i\times B_i$（$B_i$为高光谱图像第 i 波段的灰度值）；另一种是将全色图像进行低通滤波或均值化处理得到与高光谱图像空间分辨率相同，然后取子集，同时还需要保证高光谱图像与全色图像大小形状相同。这里最终是对高光谱图像按波段计算平均值，来模拟全色图像。

步骤 2，将模拟影像与高光谱影像进行叠加生成新的图像，然后进行施密特正交变换，将 T 个 GS 分量由前 T-1 个分量构造，按公式（3.3）计算：

$$\mathrm{GS}_T(i,j)=(B_T(i,j)-\mu_T)-\sum_{i=1}^{T-1}h(B_T\mathrm{GS}_i)\times(\mathrm{GS}_i(i,j)) \tag{3.3}$$

式中，GS_T是 GS 变换后的第 T 个分量；B_T是高光谱影像的第 T 个波段影像；μ_T是低分辨率高光谱图像第 T 个波段影像的灰度值均值。

步骤 3，将全色影像代替 GS 变换后的第 1 分量。

步骤 4，对替代后的高光谱影像进行施密特逆变换得到融合图像，按公式（3.4）计算：

$$B_T(i,j)=(\mathrm{GS}_T(i,j)+\mu_T)+\sum_{i=1}^{T-1}h(B_T\mathrm{GS}_i)\times(\mathrm{GS}_i(i,j)) \tag{3.4}$$

二、IHS（Intensity Hue Saturation）变换法

目前，常用的颜色模型包括 RGB 三原色模型和强度、色调、饱和度（IHS）颜色模型 2 种（Gonzalez et al.，2004）。IHS 颜色模型是直观的颜色匹配方法，这也是该方法成为处理彩色图像最常用的颜色模型的原因。强度是光谱的整体亮度，与图像的空间分辨率相对应；色调描述了纯色的属性；饱和度则是光谱波长与强度的比率，描述的是图像的光谱分辨率。(赵晓雷 等，2010)。IHS 图像融合方法是用高空间分辨率的全色图像替换低分辨率图像 IHS 变换后的亮度 I_0。在遥感数据集中，不同传感器获取的影像在同时兼具高光谱和高空间分辨率方面存在着一定难度，例如，高光谱图像的光谱分辨率高、空间分辨率低，而全色图像具有高空间分辨率，但光谱分辨率较低。

为了保留高光谱图像光谱信息的同时增强其空间分辨率，可以通过 IHS 变换融合低空间分辨率的高光谱图像和高空间分辨率的全色图像，将高光谱图像从 RGB 图像模型转换到 IHS 模型，并在 IHS 空间中将反应高光谱图像空间分辨率 I 的分量与全色图像进行融合处理，再将融合结果逆变换回 RGB 空间，即可得到融合后空间分辨率被提高的高光谱图像。IHS 正变换按公式（3.5）计算：

$$\begin{bmatrix} I_0 \\ v_1 \\ v_2 \end{bmatrix}=\begin{bmatrix} 1/3 & 1/3 & 1/3 \\ -\sqrt{2}/6 & -\sqrt{2}/6 & -\sqrt{2}/6 \\ 1/\sqrt{2} & -1/\sqrt{2} & 0 \end{bmatrix}\begin{bmatrix} R_0 \\ G_0 \\ B_0 \end{bmatrix} \tag{3.5}$$

逆变换按公式（3.6）计算：

$$\begin{bmatrix} R_{\mathrm{new}} \\ G_{\mathrm{new}} \\ B_{\mathrm{new}} \end{bmatrix}=\begin{bmatrix} 1 & -1/\sqrt{2} & 1/\sqrt{2} \\ 1 & -1/\sqrt{2} & -1/\sqrt{2} \\ 1 & \sqrt{2} & 0 \end{bmatrix}\begin{bmatrix} I_{\mathrm{new}} \\ v_1 \\ v_2 \end{bmatrix} \tag{3.6}$$

式中，R_0、G_0、B_0是原始波段 RGB 数据；I_0、v_1、v_2是经过 IHS 正变换得到的强度、色调、饱和度；I_{new}是全色图像替换后的强度分量；R_{new}、G_{new}、B_{new}是经过 IHS 逆变换得到的新 RGB 数据。高光谱图像与全色图像 IHS 变换图像融合包括 4 个步骤。

步骤 1，将高光谱图像重采样为 2m。

步骤 2，选择低分辨率高光谱图像中的 RGB 3 个波段，然后将其由 RGB 空间转换到 IHS 空间，得到高光谱图像的强度、色调、饱和度。

步骤 3，将高分辨率全色图像替换高光谱图像经 IHS 变换后得到的亮度分量 I 进行直方图匹配，得到新的全色影像 I'。

步骤 4，将新的全色影像 I'代替亮度分量，和色调、饱和度分量逆变换还原到 RGB 空间得到融合图像。

GF-5 高光谱图像中红波段（R）对应的是 59 波段，绿波段（G）对应的是 38 波段，蓝波段（B）对应的是 20 波段。

三、Brovey 变换法

Brovey 变换图像融合（林志垒，2020）是一种相对简单的融合技术。该方法可以将高光谱图像分解为颜色和亮度，是三波段低分辨率高光谱图像和高分辨率全色图像的乘积归一化的过程。Brovey 变换图像融合的优点是可以在保留原始高光谱图像信息内容的同时较好地提高低分辨率图像的空间分辨率。缺点是存在一定程度的光谱失真，并且没有解决全色图像和高光谱图像光谱范围合并不兼容的问题。该问题在植被上表现得较为明显，建筑区域的颜色相对较暗，但绿色反射明显（赵文驰 等，2019）。Brovey 变换按公式（3.7）、公式（3.8）、公式（3.9）计算：

$$R=\frac{r\times \mathrm{PAN}}{r+g+b} \tag{3.7}$$

$$G=\frac{g\times \mathrm{PAN}}{r+g+b} \tag{3.8}$$

$$B=\frac{b\times \mathrm{PAN}}{r+g+b} \tag{3.9}$$

式中，r、g、b 是高光谱图像的红绿蓝波段像素值；R、G、B 是融合图像的红绿蓝波段像素灰度值；PAN 是全色图像像素值。GF-5 高光谱图像红波段为 59 波段、绿波段为 38 波段、蓝波段为 20 波段。

四、PCA（Principal Components Analysis）变换法

主成分分析（PCA）方法将具有相关变量的多元数据集转换为不相关变量。PCA 算法是一种典型的 CS 融合算法。PCA 变换融合方法首先将高光谱图像重采样与全色图像（PAN）同样大小上，对 HS 图像进行 PCA 变换。第 1 个主分量通道 PC_1 作为 HS 图像的空间信息，光谱信息则集中在其他分量通道中。然后，将全色图像与 PC_1 图像进行直方图匹配生成新的全色图像，将新的全色图像替换选择的 PC_1 通道。最后利用主成分分析的逆变换生成融合图像，完成主成分分析过程。PCA 变换法的主要特点是光谱信息保持较为良好，不受波段数目的限制，但是由于进行了主成分变换，PC_1 分量的空间信息高度集中，导致了融合后的图像在色调上有较为明显的变化。按照如下 6 个步骤来实现 PCA 变换图像融合。

步骤 1，计算协方差矩阵 C，高光谱图像波段数量为 N，则高光谱图像表示为：$X=[x_1, x_2, \cdots, x_N]^T$，不同波段间协方差按公式（3.10）计算：

$$\sigma_{ij}^2=E[(x_i-\mu_i)\times(x_j-\mu_j)],(i,j=1,2,\cdots,N) \tag{3.10}$$

协方差矩阵 C 为：

$$C=\begin{bmatrix}\sigma_{11} & \sigma_{21} & \sigma_{N1}\\ \vdots & \vdots & \vdots\\ \sigma_{1N} & \sigma_{2N} & \sigma_{NN}\end{bmatrix} \tag{3.11}$$

步骤 2，求解协方差矩阵 C 对应的特征值和特征向量。

步骤 3，特征值从大到小排序，特征向量随着特征值变化而改变，特征值和特征向量分别记为λ_1，λ_2，…，λ_n和φ_1，φ_2，…，φ_n。

步骤 4，各主分量按公式（3.12）计算：

$$\mathrm{PC}_k=\sum_{j-1}^{n}x_j\varphi_{jk} \tag{3.12}$$

步骤 5，将 PAN 与 PC_1进行直方图匹配，然后直方图匹配后的全色图像替换 PC_1。

步骤 6，进行主成分逆变换，得到融合图像。

五、谐波分析法

谐波分析是将时间序列从时域变换到了频率域，每个频率分量在时域空间中都有 1 个与之对应的正弦信号，这样时域空间中的一条曲线便可以由频域空间中若干条不同频率的正弦曲线叠加表示（杨可明等，2014）。谐波分析图像融合步骤如下。

步骤 1，依据公式（3.13）对高光谱影像进行谐波分解，得到谐波振幅（$A_0/2$）、谐波相位（C_h）、谐波余项（φ_h）。

$$v(s)=\frac{A_0}{2}+\sum_{h=1}^{\infty}\left(A_h\cos\frac{2h\pi s}{Z}+B_h\sin\frac{2h\pi s}{Z}\right)=\frac{A_0}{2}+\sum_{h=1}^{\infty}\left(C_h\sin\frac{2h\pi s}{Z}\right) \tag{3.13}$$

$$A_h=\frac{2}{Z}\sum_{s=1}^{Z}\left(v(s)\cos\frac{2h\pi s}{Z}\right) \tag{3.14}$$

$$B_h=\frac{2}{Z}\sum_{s=1}^{Z}\left(v(s)\sin\frac{2h\pi s}{Z}\right) \tag{3.15}$$

式中，s 是波段序号；Z 是波段数。

步骤 2，将高空间分辨率的全色波段影像替换公式（3.13）中谐波最佳分解次数时的谐波余项。

步骤 3，根据公式（3.16）进行谐波逆变换，得到融合后的高光谱影像。

$$v(s)=\text{PAN}+\sum_{h=1}^{\infty}(A_h\cos\frac{2h\pi s}{Z}+B_h\sin\frac{2h\pi s}{Z})=\text{PAN}+\sum_{h=1}^{\infty}\left(C_h\sin(\frac{2h\pi s}{Z}+\varphi_h)\right) \tag{3.16}$$

六、改进 PCA 变换法

主成分分析（PCA）方法具有较高的空间保真度，实现简单快捷。然而，由于全色图像与被取代的第 1 主成分之间存在显著差异，可能导致光谱失真（Li et al.，2018）。本研究提出了改进的 PCA 变换图像融合方法，该方法结合主成分分析和小波变换，利用 SSIM 索引选择合适的分量，以减少 PAN 图像和替代分量之间的差异。改进主成分分析方法降低了频谱失真，克服了标准主成分分析方法存在的问题。改进 PCA 图像融合算法如图 3.2 所示，改进 PCA 变换图像融合包括 8 个步骤。

步骤 1，高光谱影像进行主成分变换，得到变换后的图像 PC。

步骤 2，计算高光谱影像主成分变换后各个成分与全色影像的结构相似度（SSIM），以此选择考虑了高光谱图像的空间信息，SSIM 按公式（3.17）计算：

$$\text{SSIM}_{(x,y)}=\frac{(2\mu_x\mu_y+c_1)(2\sigma_{xy}+c_2)}{(\mu_x{}^2\mu_y{}^2+c_1)(\sigma_x{}^2\sigma_y{}^2+c_2)} \tag{3.17}$$

式中，x、y 为 2 幅图像；μ_x、μ_y 为 2 幅图像的均值；$\sigma_x{}^2$、$\sigma_y{}^2$ 为 2 幅图像的方差；σ_{xy} 为 2 幅图像间的协方差；c_1、c_2 为常数。

步骤 3，将 SSIM 进行排序，选择 SSIM 值最大的主成分作为低分

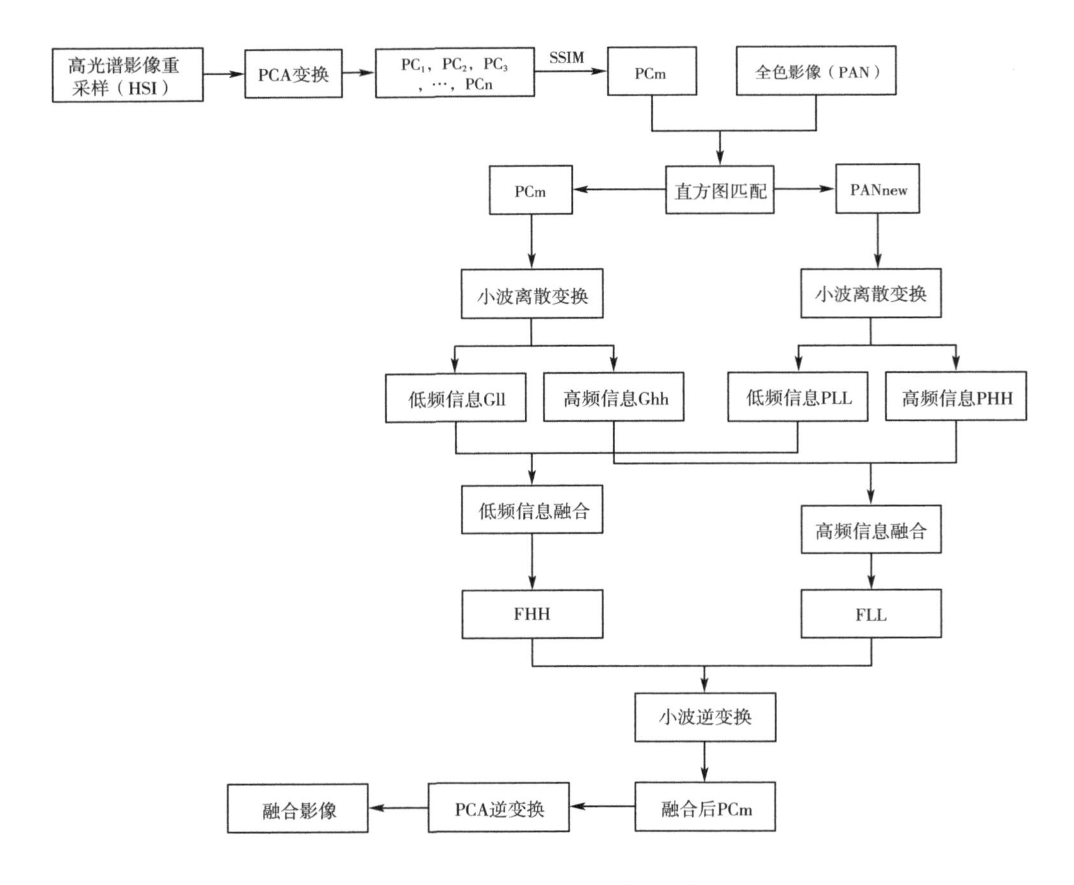

图 3.2　改进 PCA 变换图像融合算法流程

辨率图像，计算值最大为 PC_2

步骤 4，将全色影像以 PC_2为参考影像进行直方图，得到匹配后的全色影像 PAN_{new}。

步骤 5，将 PC_2 和 PAN_{new} 进行小波单层分解，得到 PC_2（HH_1、HL_1、LH_1、LL_1）和 PAN_{new}（HH_1、HL_1、LH_1、LL_2），其中 LL_1和 LL_2为低频分量，HH_1、HL_1、LH_1和 HH_1、HL_1、LH_1为高频分量。

步骤 6，低频分量融合采用加权平均融合方法，高频分量采用区域特性量测融合方法，得到融合后的HH、HL、LH、LL。

步骤7，进行小波重构得到融合后的PC_{new}。

步骤8，PC_{new}代替PC_2进行主成分逆变换得到融合后的影像。

第四节　融合图像的质量评价

为了评价各种方法融合后的影像质量，本文选取标准差（STD）、光谱角（SAM）、全局相对误差（ERGAS）、结构相似度（SSIM）、均方根误差（RMSE）（Li et al.，2018；Yang et al.，2018）多种指标进行比较分析。各个指标的意义及计算公式如下。

标准差（Standard Deviation，STD），反映了图像像素值与均值的离散程度，标准差越大说明图像的质量越好，图像包含的信息量越丰富。

光谱角（Spectral Angle Mapper，SAM），用来衡量光谱失真程度，按公式（3.18）计算：

$$\mathrm{SAM}=\frac{1}{d}\sum_{i=1}^{d}\arccos\left(\frac{\langle R_i,F_i\rangle}{\|R_i\|_2\|F_i\|_2}\right) \tag{3.18}$$

式中，d是图像像素数量；$\langle R_i,\ F_i\rangle$是内积；R_i和F_i分别是参考图像和融合图像第i个像素的光谱向量；$\|R_i\|_2$和$\|F_i\|_2$分别是R_i和F_i向量的L_2范数。SAM值越小，表明融合图像光谱失真程度越小，0是SAM的最佳值。

全局相对误差（Erreur Relative Globale Adimensionnelle de synthsès，ERGAS），评估图像的空间和光谱畸变，按公式（3.19）计算：

$$\mathrm{ERGAS}=100\,\frac{x}{z}\sqrt{\frac{1}{n}\sum_{m=1}^{n}\left(\frac{RMSE_m}{\mu_m}\right)^2} \tag{3.19}$$

式中，x和z分别是PAN图像和HSI的空间分辨率；μ_m是第m个波段的样本平均值；$RMSE_m$是 R 和 F 图像的第 m 个波段之间的 RMSE 值。*ERGAS* 的理想值是 0，ERGAS 值越小表示融合图像的光谱畸变就越小。

结构相似度（Structural Similarity，SSIM），计算公式如（3.17）所示，SSIM 值为 0~1。值越大，代表着 2 幅图像的空间结构信息越相似。

均方根误差（Root Mean Squared Error，RMSE），是评价空间和规范融合质量的全局索引，按公式（3.20）计算：

$$\mathrm{RMSE}=\frac{\|R-F\|_F}{d\times n} \tag{3.20}$$

$\|R\|_F=\sqrt{trace\ (R^TR)}$是 F 范数；$d$ 是融合图像的像素数；n 是融合图像的波段数。RMSE 越小，融合性能越好，RMSE 的最优值为 0。

第五节　不同融合方法下的高光谱图像质量比较

一、基于视觉分析的高光谱图像融合质量对比

为了比较各种方法下高光谱融合图像的质量，图 3.3 给出了原始高光谱、多光谱、全色图像以及 6 种方法的融合结果。通过对实验结果进行目视比较，可以得出以下结论。

Brovey 图像融合只考虑了 3 个波段通道，存在严重的光谱失真。特别是在植被上，图 3.3 中红框所圈部分，Brovey 方法将高光谱图像中的绿色扭曲成融合结果中的深绿色。IHS 变换融合和谐波分析图像融合将红框部分中植被的绿色扭曲成融合结果中的淡绿色。

从视觉上看，改进 PCA 变换图像融合结果从视觉上看光谱畸变最低，改善了高光谱图像的空间分辨率。与另外 5 种融合方法相比，改进 PCA 变换方法在空间细节的提取上较好地发挥了“平移不变性”的优势，该算法在设计中基于结构相似度选择需替换的主分量，更好地考虑了空间结构信息。因此本文提出方法得到的融合图像在减小光谱

畸变的基础上，有效地顾及了图像中地物的空间分布及结构信息。

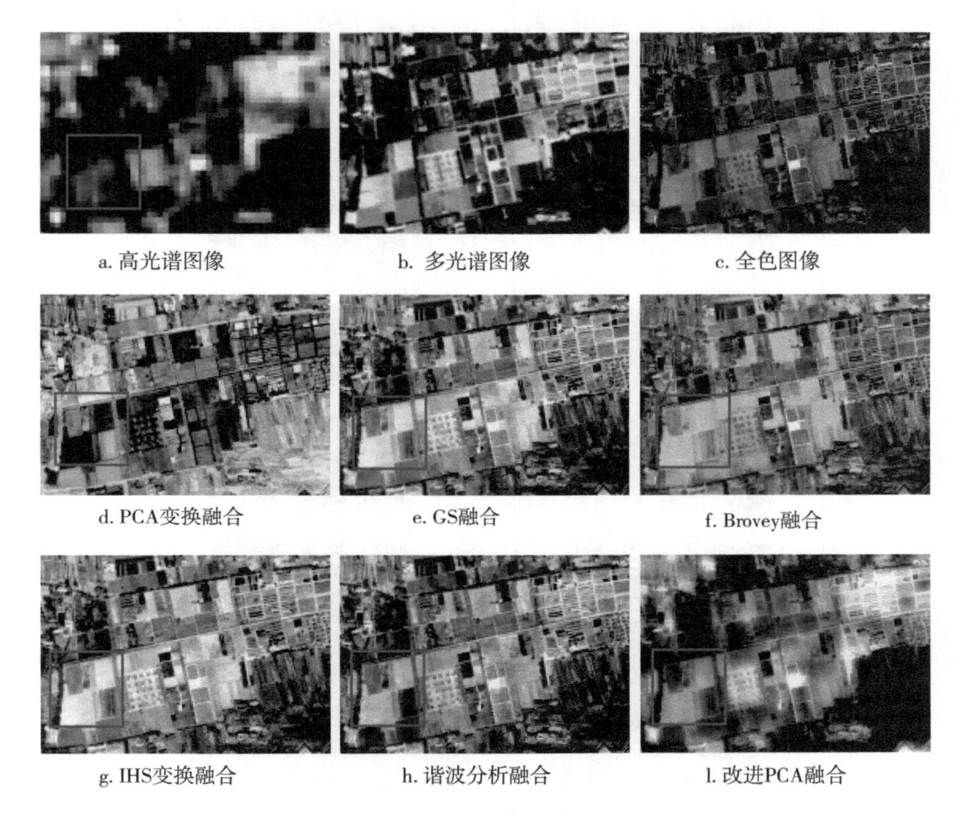

图 3.3　不同融合方法的视觉对比

图 3.4 给出了 6 种融合方法研究区融合的全局影像，由图 3.4 可以看出 6 种融合方均有效地改善了高光谱图像的空间分辨率，几乎不存在融合图像模糊的问题。其中 Brovey 变换图像融合存在严重的光谱扭曲问题，PCA 变换法在植被上光谱信息保持得较为正常，但在其他建筑、道路等存在明显的颜色失真。目视比较图中的融合结果，改进 PCA 变换是既改善了高光谱图像的空间分辨率，在颜色变换光谱失真上是最小的。

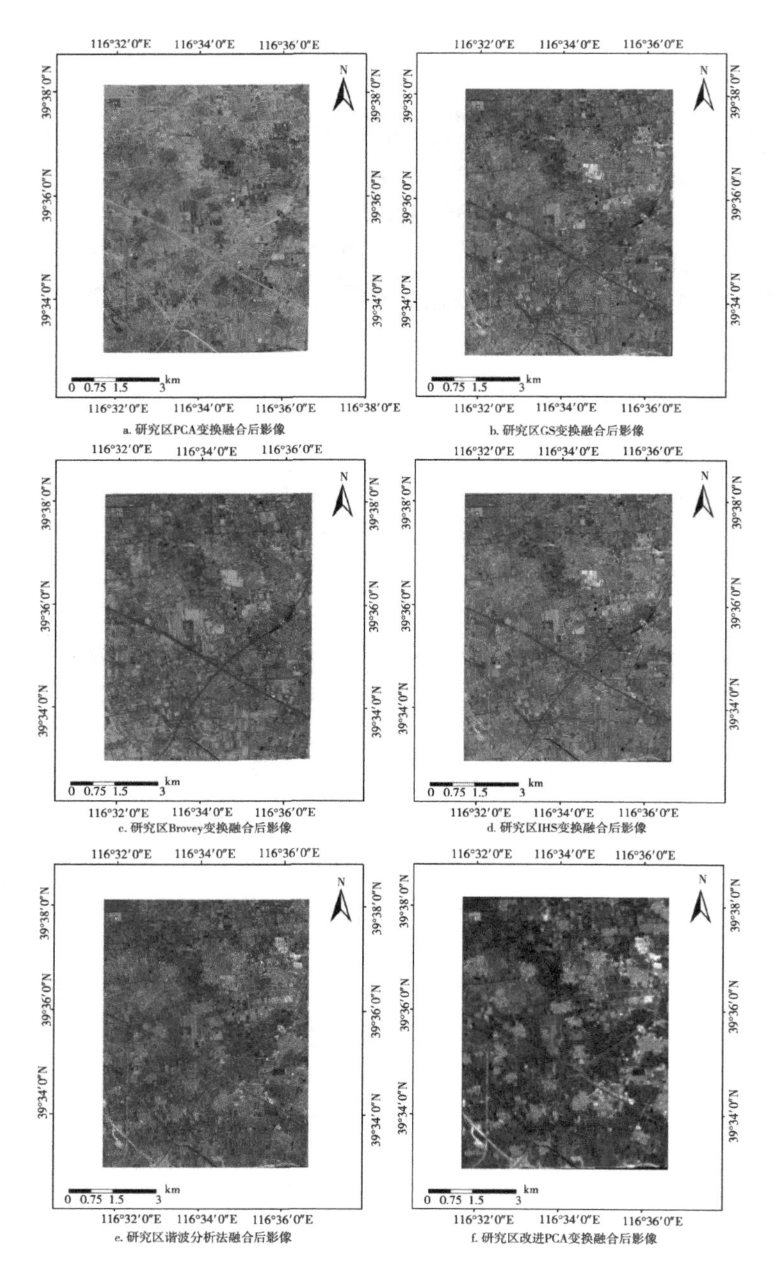

a. 研究区PCA变换融合后影像
b. 研究区GS变换融合后影像
c. 研究区Brovey变换融合后影像
d. 研究区IHS变换融合后影像
e. 研究区谐波分析法融合后影像
f. 研究区改进PCA变换融合后影像

图 3.4　不同方法下的研究区融合后影像

二、基于不同评价指标的高光谱图像融合质量比较

为了对不同融合方法的结果进行定量分析，选取标准差（STD）、光谱角（SAM）、全局相对误差（ERGAS）、结构相似度（SSIM）、均方根误差（RMSE）评价融合图像的质量。表 3.1 分别列出了 6 种融合图像客观评价的质量指标，每个质量评价指标的最佳结果均用加粗标注出来。

表 3.1　不同融合方法下高光谱图像对应的各种指标值

方法	STD	SAM	ERGAS	SSIM	RMSE
GS 融合	1 647.16	1.20	1.28	0.97	8.10
PCA 变换融合	887.24	1.38	1.50	0.90	9.52
IHS 变换融合	1 095.75	1.68	1.79	0.84	11.49
Brovey 变换融合	647.42	1.65	1.65	0.90	10.55
谐波分析融合	**2 214.73**	1.29	1.56	0.85	8.65
改进 PCA 变换融合	1 917.21	**0.95**	**1.12**	**0.98**	**7.52**

从表中可以得到。

指标客观评价融合图像结果与视觉分析结果大多一致。

在图像信息量方面，谐波分析图像融合标准差最大，改进 PCA 变换图像融合标准差排第 2，GS 融合、PCA 变换、谐波分析、Brovey 融合则较小。说明改进 PCA 变换方法在图像信息量方面略低于谐波分析融合方法，能获得较大的信息量。从表中标准差及结构相似度指标可以看出基于高频信息、低频信息融合规则有助于提高融合图像的空间细节信息。

在光谱信息保持方面，光谱角（SAM）、全局相对误差（ERGAS）评价融合图像光谱畸变，2 个指标均是值越小越好。本研究

提出的方法改进 PCA 变换图像融合 SAM 最小为 0.95，GS 融合方法次之为 1.20，ERGAS 最小为 1.12，GS 融合次之为 1.28。

反映出改进 PCA 变换、GS 融合 2 种方法的光谱畸变较小，而其余 4 种融合方法结果 SAM 值较大，即 4 种方法的光谱失真较为严重。

改进 PCA 变换融合方法几乎在所有的质量指标上都优于 PCA 变换图像融合，这表明将小波变换与 PCA 变换结合，并且引入 SSIM 使得高光谱图像融合效果更好。总的来说，与其他方法相比，本研究提出的方法能够提供令人满意的图像融合结果。

第六节 本章小结

本章以 GF-5 高光谱图像和 GF-1 全色影像作为数据源进行图像融合研究，比较了 Gram-Schmidt、IHS 变换、PCA 变换、谐波分析、Brovey 变换和改进 PCA 变换 6 种图像融合方法的优劣程度，选择标准差（STD）、光谱角（SAM）、全局相对误差（ERGAS）、结构相似度（SSIM）评价融合图像的质量。通过分析比较实验结果，从视觉上来看 Brovey 变换图像融合方法只考虑了 3 个波段通道，存在严重的光谱失真。PCA 变换、谐波分析、GS 和改进 PCA 变换实现了保持光谱信息的同时，提高了空间分辨率，其中改进 PCA 变换图像融合结果光谱畸变程度最低。定量评价结果与视觉分析较为一致。在图像信息量方面，IHS 变换图像融合标准差最大，改进 PCA 变换图像融合次之。在光谱信息保持方面，改进 PCA 变换图像融合 SAM 最小为 0.95，GS 融合方法次之为 1.20，反映出改进 PCA 变换、GS 融合 2 种方法的光谱畸变较小。总的来说，与其他方法相比，改进 PCA 变换图像融合方法能够提供令人满意的结果。

第四章　面向农作物分类的高光谱图像降维方法研究

第一节　绪　　论

高光谱图像包含丰富的信息、光谱分辨率高、光谱范围广，从可见光到近红外波段收集数十至数百个连续光谱响应波段，可以很好地识别光谱细微差异的不同地物（Liang et al.，2015）。但是由于光谱细化导致数据维数增加，特别是“维数诅咒”导致分类时出现“休斯现象”（Wang et al.，2015）。为了避免“休斯现象”，在分类过程中需要输入足够的训练数据，由于多方面原因限制，纯训练数据的收集一直是一项艰巨的任务（孙伟伟 等，2018）。因此，减小特征空间有利于减少训练数据的大小要求，从而减少“休斯现象”。

高光谱数据处理的关键步骤之一是数据降维，目的是为了去除冗余信息，保留关键信息。高光谱数据降维包括波段选择和特征提取两种方式。波段选择是从原始波段中选择一个需要的波段子集，在不改变波段物理信息的前提下，较好地保留了高光谱图像的光谱信息。特征提取则是将原始数据按照相关准则转换到另一个特征空间中，在一定程度上降低了高光谱数据维数。但特征提取也改变了原始波段信息，可能导致原始波段信息丢失。本章从波段选择和特征提取 2 个方面，综述现有的高光谱数据降维方法的研究现状，并指出其中存在的问题以及未来的发展方向。

一、波 段 选 择

（一）基于排序方法

现有的高光谱图像波段选择方法主要包括五大类，分别是基于排序方法、基于搜索方法、基于聚类方法、基于稀疏性方法、混合方法。基于排序的方法根据预定义的波段优先级标准量化每个波段的重要性，并按顺序选择排名靠前的波段。

根据是否使用标记的训练样本，基于排名的方法可以进一步分为2种类型，即无监督波段选择和有监督波段选择。非监督波段选择方法考虑了波段间的信息、差异或相关性，如方差、信噪比、相关系数、信息熵等常被作为波段排序的指标。Bajcsy et al.（2004）利用信息熵和信息发散度等经典信息测度作为波段选择的排序标准。Chang et al.（1999）采用主成分分析对波段图像的能量或方差进行排序，提出了基于特征分析的最小方差 PCA 方法，但没有考虑波段间的相关性，因此采用了基于 K-L 距离的方法去除冗余波段，最后利用互信息来衡量波段间不相似性。Kim et al.（2017）提出了基于协方差的波段选择方法，该算法使用匹配滤波器和自适应相干估计器对所有波段进行优先排序，最小化它们对目标检测的影响；而监督波段选择方法在建立波段优先级指标时，则考虑到了高光谱数据的先验知识，这些指标与分类、光谱分解等应用密切相关。Huang et al.（2005）提出了基于两两可分性准则和矩阵系数分析的高光谱图像分类特征加权波段选择算法；通过 PCA 进行去相关，并通过计算相应的 PCA 系数和判据值来对每个类别的波段进行排序，采用投票技术确定所有波段的权重进行排序，通过相关性阈值去除冗余波段，采用相位相关作为相关测量，去除冗余波段。董安国 等（2017）建立了每个波段与其他波段间的线性关系，去除相关系数高的波段，重复上一过程得到最小波段子集，并且证明波段选择后的原始影像的端元一致；该算法在波段选择中的可行性与有效性，并且具有普适性，为后续高光谱影像的地物识别提供了技术支持。

（二）基于搜索方法

基于搜索的方法将波段选择问题转化为给定准则函数的优化问题，并寻找最佳波段以形成最优解，关键在于准则函数和搜索策略的选择。准则函数可以是基于相似度的度量，例如，欧氏距离（ED），Bhattacharyya 距离，J-M 距离，光谱角制图（SAM），结构相似性测量或基于信息的测量，例如光谱信息散度（SID），变换散度。

搜索策略决定了寻找最优或次优解的最佳方式，根据所采用的搜索策略，基于搜索的方法可以分为增量搜索、更新搜索和消除搜索 3 类。基于增量搜索方法不用测试所有的波段组合，增量搜索的方法顺序地添加新的波段，优化标准到当前的波段子集，直到一个期望的波段数被选择。经典算法有顺序向前选择（SFS）等，但该方法无法确定最优的波段选择数目。苏红军 等（2017）引入共性几何代数进行波段选择，基于内积、外积、几何积设置特征距离算子和目标函数实现波段选择，但该算法选择的目标波段数为主观人为确定。Du et al.（2003）针对偏度和峰度较大的波段，提出了采用线性预测和 OSP 联合评价单波段和多波段之间的相似性，期望选中的波段在目标检测和分类方面能够取得满意的性能。Santos et al.（2015）利用光谱节奏来挖掘高光谱数据的中间表示，迭代选择最不相似和信息最丰富的波段，采用基于二部图匹配的不相似度度量方法进行波段选择。Zhang et al.（2018）提出了基于波段相关性分析波段选择方法，该方法利用顺序向前搜索（SFS）逐一寻找所需波段，通过构造波段相关性矩阵，计算波段与当前所选波段的平均相关度度量波段冗余度，并将其与剩余未选择波段的相关性平均来计算其代表性。

基于更新的搜索方法在搜索过程中根据需要迭代地将当前波段子集的元素替换为新的元素，以确保预定义的评价标准得到优化。搜索算法有粒子群优化（PSO）、遗传算法、萤火虫算法（FA）、蚁群优化算法。张伍 等（2015）引入模糊粗糙集理论，考虑相关性和信息熵定义波段重要度，采用最大相关性最大重要度搜索策略来选择波段。Patra et al.（2015）利用粗糙集理论计算各波段的相关性和显著性，然后通过定义一个新的准则，选择具有较高相关性和显著性值的信息波段，但是该算法较为复杂，计算量大。Gong et al.（2016）提出基于多目标优化波段选择方法，该方法设计 2 个相互冲突的目标函数，其中一个目标函数设为信息熵，表示所选波段子集所包含的信息，另一个目标函数设为所选波段的个数，通过多目标进化算法同时优化这 2 个目标函数，以找到最优折衷解。Su et al.（2016）提出改进萤火虫算法波段选择，该算法为了降低在萤火虫算法波段搜索过程中的计算代价，选择了能够衡量类别可分离性的目标函数即最小估计丰度协方差和 J-M 距离。Xu et al.（2017）提出基于秩的多目标优化波段选择算法，解决了三目标优化问题，考虑了所选波段的波段数、方差、信息熵。

基于消除搜索的方法初始包括所有波段的高光谱数据，并在每次迭代中消除不必要的波段，直到达到目标波段数目，通常采用顺序向后选择（SBS）方法。Geng et al.（2014）提出基于体积梯度的波段选择算法，基于高光谱数据的体积梯度迭代地去除了最冗余的波段；假设冗余波段与其他波段超平面之间的距离最短，并定义 1 个准则函数使所选波段形成的次单纯形体积最大。Sun et al.（2014）在最小噪声波段选择算法中考虑了波段质量，设计了噪声调整的主成分与协方差矩阵行列式最大相结合的指标，采用 SBS 来寻找高信噪比、低相关的最佳波段。为了更好地描述 HSI 数据的非高斯性，Geng et al.（2014）联合偏度波段选择算法定义了结合波段二阶张量和相关统计量的准则函数，采用 SBS 去除冗余波段进行小目标检测。

（三）基于聚类方法

基于聚类的方法将原始波段分组成簇，并从每个簇中选择具有代表性的波段组成最终的波段子集。可以使用信息测量来确定代表性波段，例如互信息或 K-L 散度，以去除冗余波段。基于聚类的方法大部分时从 K-means、亲和力传播（AP）和图聚类中衍生出来的。基于 K 均值的聚类方法是一种应用广泛的聚类技术，该算法初始化一组随机选择的波段，然后迭代优化目标函数，量化到一组假定候选中心的距离总和，直到找到最优的聚类中心。Mojaradi et al.（2008）使用类别光谱对空间中的波段进行聚类，其中所有波段都以类特征来表征，选取每个聚类中分类准确率最高的代表性波段组合作为最终波段子集。Yang et al.（2017）根据不相交信息测量的波段之间距离，利用 K-means 方法将所有光谱波段分组成簇，在每个簇中给每个波段 1 个初始权值，以簇内距离最小和不同代表性波段之间距离最大为准则选择最优代表性波段。Yuan et al.（2016）提出基于双聚类的背景分析波段选择方法，该算法利用特定像素的上下文信息的两两高光谱角度描述子，并实现了分组表示策略来选择具有代表性的波段。

因为 K-means 算法聚类对初始条件很敏感，因此提出基于样本的 AP 聚类算法来寻找合适的样本集作为代表性波段。AP 算法考虑了各波段之间的相关性或相似性以及各波段的识别能力，通过函数的最大化来获得样本。Yang et al.（2013）提出了 2 种特征度量，即波段相关性度量和波段可分性度量，分别用于评价所有波段的光谱相关性和单个波段的分类识别能力，并进行了非监督 AP 聚类，然后利用判别特征度量结合包含块小波的波段判别信息进行约束。研究结果表明该算法可以在低冗余的情况下选择高分辨力的波段。李特权 等（2019）提出将 K-AP 算法应用于高光谱图像波段选择，对高光谱图像进行有效的数据压缩。针对 K-AP 算法的特点，基于 K-L 散度定义了新的相似度矩阵，对波段进行度量，再使用 K-AP 算法进行聚类，选择最有代表性的波段。试验结果表明，与常用的波段选择方法相比，基于 K-AP 波段选择方法有更好的表现。

基于图聚类方法是将波段选择表述为图问题，图中节点表示高光谱图像的波段，连接 2 个节点的边对应于 2 个波段之间的相似性。基于图的聚类方法通过构造与波段相似度相关的亲和矩阵 A，将图聚类为子图，从而找到具有代表性的波段。Hedjam et al.（2012）利用 Bhattacharyya 距离构造带邻接图，并采用马尔可夫聚类算法将带邻接图聚类为不同的簇，各聚类中与其他波段总距离最小的波段作为代表性波段。Xia et al.（2013）将高光谱数据转化为复杂的网络图，通过分析每个波段对应的网络拓扑特征进行波段选择，并选择最适合判别网络划分单元的波段。Zhu et al.（2016）提出基于优势集提取的非监督波段选择算法，该算法在结构化信息提取的基础上进行波段信息和独立性度量，将波段选择问题转化为图表示并通过优势集提取子图。Sun et al.（2016）提出基于图表示的非监督波段选择方法（GRBS），在 GRBS 中，波段被视为高维空间图的节点，而波段簇的中心被认为是理想的选择，GRBS 利用易于计算的准则函数来选择所需的波段。

（四）基于稀疏性方法

根据稀疏理论，每个波段可以稀疏表示，仅使用几个与原子有关的非零系数在 1 个合适的基或字典。基于稀疏的波段选择方法利用稀疏表示或回归来揭示高光谱数据中的某些底层结构。通过求解具有稀疏约束的优化问题，可以得到具有代表性的波段。目前的稀疏约束方法可以分为基于稀疏非负矩阵分解（SNMF）的方法、基于稀疏表示的方法、基于稀疏回归的方法。

基于稀疏非负矩阵分解方法（SNMF）将原始的高光谱数据矩阵分解为1组基的乘积，即编码（基矩阵）和系数矩阵，其中基是非负的，编码是负的和稀疏的。基于稀疏表示的方法与基于SNMF的方法不同，基于稀疏表示的方法预先学习或手动定义字典，通常根据稀疏系数来选择信息波段。基于稀疏回归的方法利用训练样本及其类标签将带选择问题表示为稀疏线性回归问题。从最优解中提取的稀疏系数有助于选择具有更好的可分性的波段。

Li et al.（2011）引入了SNMF来解决高光谱数据波段选择问题，其中通过聚类稀疏系数来选择代表性波段，该算法是将高光谱数据波段矩阵B分解成未知的字典矩阵W和未知稀疏系数矩阵H，通过优化目标函数求解。Li et al.（2011）利用K-SVD学习字典对高光谱数据波段进行稀疏表示，基于稀疏表示的波段选择算法采用多数投票的方式对稀疏系数进行排序，选择稀疏系数直方图中出现频率高的波段。Sun et al.（2015）提出改进稀疏子空间聚类波段选择方法；首先，通过求解l2范数优化问题的最小二乘回归算法，用稀疏系数向量表示波段向量；其次，提出了角度相似度度量方法，并利用该方法构造相似度矩阵；再次，使用分步密实度图算法估计合适的波段子集的大小；最后，利用光谱聚类对相似矩阵进行分割，得到所需的波段子集。Sun et al.（2016）提出基于对称稀疏表示的波段选择方法，通过采用块坐标下降法求解优化程序来估计具有代表性的波段，并通过选择与估计值中各元素之间差异最小的真实对应物来获得最终的代表性波段。孙伟伟 等（2018）提出加权概率稀疏波段选择方法，引入综合差异性度量构造权重矩阵，贝叶斯框架理论构建优化模型，加权概率原型分析方法采用迭代优化的策略，利用交替方向乘积方法来依次求解2个凸优化子问题来得到局部最优的稀疏系数矩阵并实现波段子集的最优估计。孙伟伟 等（2019）假设高光谱影像的波段集合具有可分离特性，改进传统非负矩阵分解模型，将波段选择转换为可分离非负矩阵分解问题，采用迭代投影方法来依次选取能够非负线性表达其他波段的代表性波段。

（五）混合方法

混合方法是将基于搜索、排序、聚类等方法结合来选择合适的波段。特别是将聚类方法与排序方法结合的混合算法得到了广泛的应用。Li et al.（2011）结合方法和搜索方法进行波段选择，搜索具有较高分类精度的最佳波段组合；首先，在相邻波段间的条件互信息上进行波段分组；然后，采用遗传算法以最大分类精度搜索不相交组的最优组合，分支定界搜索算法从上述结果中删除不相关的波段，最终得到最小的相关波段子集。Datta et al.（2015）将提出将聚类与排序结合的非监督波段选择方法；首先，找出波段的特征；然后，通过聚类消除波段之间的冗余；最后，根据识别能力对剩余的非冗余波段进行排序；但是该算法无法确定最优波段组合的数目。Jiang et al.（2015）将排序方法和搜索方法相结合，选择最优的波段进行分类，该算法根据最小冗余度和最大相关性对所有波段进行优先排序，然后应用顺序向后搜索算法去除对分类贡献最小的波段。Zhang et al.（2017）提出将粒子群算法与模糊聚类相结合的波段选择方法，采用新的粒子群算法代替拉格朗日乘子法作为模糊 C 均值聚类的优化方法。Wang et al.（2017）采用流形排序算法结合聚类来选择不同的波段，该算法首先采用 K-means 算法对所有波段进行聚类，并通过克隆选择每个聚类中的代表性波段，同时根据高光谱数据的流形结构对其他波段进行排序，期望查询集选择不同波段。

本章从 5 个方面总结了高光谱图像波段选择方法，分别是基于排序、聚类、搜索、稀疏性以及混合方法，高光谱数据波段选择经过多年的发展，已经取得了一定的成果，但仍存在一些不足，需要进一步研究。

在高光谱数据预处理过程中，样本数据往往是较难获取的，通常只有少量的已标记样本，大多数样本是未标记的。然而大多数的监督波段选择方法没法利用未标记样本的信息，因此应该半监督方法来进行高光谱数据波段选择研究，充分利用未标记样本的信息。

目前深度学习可以研究高光谱数据中的各种抽象特征，并表现出强大的优势。然而大多数涉及深度学习的波段选择方法都是在卷积神经网络模型上进行的，对于更先进的深度网络模型尚未进行波段选择研究。因此开发出更先进的基于深度学习的波段选择方法是当前的研究热点之一。

选择波段数目过少不能为应用保留足够的光谱信息，而数目过多则仍然存在波段冗余问题。一些波段选择方法在尝试估计所选波段子集的大小，然而波段估计数目可能比实际需求要多。因此如何较好地确定所选波段子集的大小是一个有待进一步研究的问题。

二、特 征 提 取

特征提取是指依据严格的数学理论，基于变换并按照一定的准则，将高光谱数据由高维空间映射到低维空间的方法（葛亮 等，2012）。特征提取在一定程度上虽然降低了数据维数，但是同时也改变了原始数据的信息，甚至会导致原始波段信息的丢失（倪国强 等，2007；苏红军等，2008）。经典的特征提取方法有主成分分析（Good et al.，2010；Xia et al.，2014）（PCA）、最小噪声分离变换（白璘 等，2015）、线性判别分析（Bandos et al.，2009）（LDA）等。特征提取方法主要分为传统的机器学习特征提取和深度学习特征提取两大类，传统的机器学习特征提取又可以进一步分为线性特征提取和非线性特征提取。

（一）机器学习特征提取

1. 线性特征提取

线性特征提取是对高光谱数据进行线性变换实现高光谱图像的特征提取。根据有无样本情况，线性特征提取进一步可分为非监督特征提取、半监督特征提取、监督特征提取。非监督特征提取方法解决了位置标签问题，即不需要标记样本，换句话说，该方法不需要任何先验知识，即使它们不是直接针对优化给定分类任务中的精度。线性非监督特征提取代表方法有主成分分析、独立主成分分析等。PCA 算法通过对光谱维协方差矩阵进行特征值分解，将相关波段特征转化为少数几个不相关的变量，取得了不错的降维效果。PCA 特征提取是非监督特征提取中常用的方法，该方法不受参数、样本的限制，算法原理简单且易于实现。王雷光 等（2018）首先利用主成分分析对高光谱影像进行降维，移除噪声并突出主要特征；然后将第一主成分作为引导影像，将包含信息量最多的若干主成分分别作为输入影像，应用依次增加的滤波半径分别进行引导滤波处理提取多个尺度的特征，获得影像不同尺度的结构信息。Beirami et al.（2020）提出将超像素分割算法与主成分分析相结合的方法，在特征提取过程中利用上下文信息，该方法旨在通过波段分组技术改进超级主成分分析方法；还为扩展形态剖面的生成提供了适当的基本图像。

半监督特征提取方法试图使用非常有限数目的标记样本和大量未标记样本来寻找最优投影。Luo et al.（2016）提出半监督图学习特征提取方法；首先，将样本分为有标记样本集和无标记样本集；然后，根据样本集的标签信息将有标记样本集与无标记样本集进行 k 近邻连接，将无标记样本到每个类别的平均距离进行排序，并将无标记样本与属于最近类别的有标记样本进行连接；最后，文章提出的 SEGL 方法利用样本之间的距离信息将加权边设置为连通样本，但是该算法存在计算时间过长的缺点。Zhang et al.（2020）提出基于协同标签传播的高光谱图像半监督特征提取；首先，提出了新的协同标签传播方法来预测被称为弱标签的无标签数据的标签；然后，将已知的标签和预测的弱标签结合起来，构造2个新的判别矩阵；最后，利用鉴别矩阵寻找最优变换矩阵，实现高光谱图像的特征提取。

监督特征提取方法依赖于标记样本的存在性来推断类的可分性。常用的监督特征提取方法有线性判别分析、非参数加权特征提取等，此类方法考虑了样本信息，使降维后的数据具有更好的判别性。Azadeh et al.（2016）提出了非参数线性特征提取方法；首先，使用Parzen窗口思想来确定局部均值，从而指定近邻样本；其次，使用了2个新的加权函数，接近类边界的样本在类间分散矩阵形成中具有较大的权重，接近类均值的样本在类内分散矩阵形成中具有较大的权重。

2. 非线性特征提取

考虑到高光谱数据为非线性数据，利用线性特征提取方法进行高光谱数据特征提取时，有时结果并不满意，因此非线性特征提取方法开始广泛发展。非线性特征提取方法主要分为核方法和流形学习方法。

核方法的主要思想是：在原始低维空间中无法线性划分的数据，利用核函数将其投影到高维希尔伯特空间中线性可分，最后对变换后的数据进行降维。Zhao et al.（2017）提出新的核最小噪声分离变换特征提取方法，利用光谱维去相关来计算噪声分数，通过优化K-means聚类方法进行图像分割并引入空间信息来确定多元线性回归的最小区域，进一步提高了噪声分数的精度。Reza et al.（2018）提出基于一阶统计量的高光谱图像特征快速提取算法，通过对不同类别的训练样本进行平均得到1个列向量矩阵；然后，利用新的变换将原始空间的特征映射到新的低维空间，使新的特征尽可能地彼此不同；最后，为了捕捉原始数据的内在非线性，利用核技巧对算法进行了改进。

流形学习假设高维数据采样于低维流形中，通过学习高维数据内蕴的几何结构，求解数据的低维坐标及对应的映射，从而实现对高维数据的降维或可视化。常见的流形学习算法有局部线性嵌入、等距映射、拉普拉斯特征映射等降维算法。Tang et al.（2014）提出局部线性嵌入稀疏表示算法，在局部线性嵌入的基础上采用基于流形的稀疏表示算法，利用测试样本在相应稀疏表示中的局部结构来增强相邻样本稀疏表示的平滑性。Wang et al.（2017）在LDA算法的基础上提出局部自适应判别分析算法，对高光谱数据的局部流形结构具有更好的自适应性。Liu et al.（2018）提出非监督特征提取算法；首先，构造一个无向加权图来利用该数据结构；然后，将协作-竞争组合表示形式转化为凸优化问题，建立了图中边的权矩阵。所构建的图有望揭示高光谱数据的局部内在流形和全局几何信息。马世欣 等（2019）提出基于线性嵌入和张量流形特征提取算法，采用协同表示理论构建了反映全局流形的权值矩阵，并对权值矩阵添加稀疏约束以提高算法的计算效率；建立了权值保持的低维嵌入张量流形框架，并对低秩目标矩阵进行奇异值分解，将反映切空间正交基的左奇异特征向量作为投影矩阵。师芸 等（2020）提取基于流形光谱降维方法；首先，使用t分布随机邻域嵌入算法对高光谱影像进行降维；其次，将降维后的高光谱数据作为输入层，使用卷积神经网络提取空间深层特征。

（二）深度学习特征提取

深度学习是机器学习的一个分支，已经广泛应用于高光谱数据处理中，包括高光谱数据降维、图像分类等，并且表现出优异的性能。常用的深度学习算法有卷积神经网络、基于自编码网络等。Chen et al.（2016）提出基于卷积神经网络（CNN）的正则化深度特征提取方法，利用多个卷积层和池化层提取深度特征，这些深度特征具有非线性、判别性和不变性。为了解决高光谱图像训练样本可有限的问题，提出了一种结合正则化的基于CNN的三维深度特征模型来提取高光谱图像的有效光谱-空间特征。Liu et al.（2018）提出基于 Siamese 卷积神经网络（S-CNN）的监督深度特征提取方法；首先，设计 5 层的 CNN，直接从高光谱立方体中提取深度特征，CNN 可以作为非线性变换函数；然后，训练 2 个 CNN 组成的 Siamese 网络，学习具有低类内变异性和高类间变异性的特征。Yang et al.（2020）提出基于深度学习特征提取方法；首先，利用引导滤波器对原始高光谱数据进行预处理；其次，在深度玻尔兹曼机器中引入局部接收域和权值共享，建立新的特征提取器，称为局部全局特征提取器深度玻尔兹曼机器；因此只需要少量的标记样本进行训练，并对局部和全局光谱空间特征进行了提取。Zhong et al.（2020）提出基于卷积稀疏分解的高光谱图像多尺度特征提取方法；首先，采用分段平均方法对原始高光谱数据的光谱维数进行降维；其次，通过不同正则化参数求解卷积稀疏分解模型，从降维数据中分离出不同尺度的空间特征；最后，进行主成分分析，将得到的多尺度光谱空间特征叠加在一起进行分类。

特征提取作为高光谱数据预处理的重要技术手段之一，已经取得了较为优异的结果，在减少高光谱冗余数据的同时，提高了地物分类、目标检测的准确性，但是仍存在一些问题。

高光谱数据降维算法大部分数据源是公开的 AVIRIS、ROSIS 机载高光谱数据，很少一部分才是 Hyperion 卫星高光谱数据，对卫星高光谱数据降维方法研究过少。其次，高光谱数据降维面对的大部分应用场景是地物分类，而 AVIRIS、ROSIS 等机载高光谱数据均为公开的高光谱数据源，具体地物类别已经确定，事实上对农作物分类研究非常少。因此面向农作物分类的卫星高光谱数据降维方法研究有巨大的研究前景。

有的高光谱数据特征提取算法较为复杂，虽然降低了数据的冗余程度，提高了地物分类、目标检测的准确性，在实现过程中需要消耗大量的时间，在有些应用场景中达不到要求。因此如何平衡算法的复杂性、准确性以及时间消耗是一个需要解决的问题。

高光谱数据除了包含丰富的光谱信息，还提供丰富的空间信息，但大多数的特征提取算法主要针对的是空间信息的提取，如何综合地提取高光谱数据的空间—光谱信息是高光谱特征提取技术的热点研究之一。

第二节　面向农作物分类的高光谱图像波段选择方法

一、波 段 初 选

通过对农作物原始光谱曲线及数学变换后光谱曲线（对数变换、倒数变换、一阶微分变换、包络线去除）进行分析，可以得到研究区内各种农作物间的光谱差异、特征波段光谱区间，为高光谱图像进行波段初选。

（一）基于典型地物原始光谱曲线特征

对每个样点测量得到的 5 条光谱曲线求取平均值，然后求每种农作物各个样点的平均值得到 9 种农作物的原始光谱曲线特征。根据原始光谱曲线寻找农作物间存在差异的光谱特征空间，并记录特征空间对应的波段范围。

（二）基于典型地物光谱曲线倒数变换特征

对野外获取的 9 种农作物原始光谱曲线进行倒数变换，得到研究区内 9 种典型地物的倒数变换光谱曲线特征。根据倒数变换光谱曲线寻找农作物间存在差异的光谱特征空间，并记录特征空间对应的波段范围。

（三）基于典型地物光谱曲线对数变换特征

对野外获取的 9 种农作物原始光谱曲线进行对数变换，得到研究区内 9 种典型地物的对数变换光谱曲线特征。根据对数变换光谱曲线寻找农作物间存在差异的光谱特征空间，并记录特征空间对应的波段范围。

（四）基于典型地物光谱曲线一阶微分变换特征

光谱微分技术主要包括数学模拟反射光谱以及求取不同阶数的微分值，从而快速确定光谱弯曲值。本研究采用一阶光谱微分，按照公式（4.1）计算：

$$\rho'(\lambda_i)=\frac{\rho'(\lambda_{i+1})-\rho'(\lambda_{i-1})}{\lambda_{i+1}-\lambda_{i-1}} \tag{4.1}$$

式中，λ_i是每个波段波长；$\rho'(\lambda_i)$是波长λ_i的一阶导数。对野外获取的9种农作物原始光谱曲线进行一阶微分变换，得到研究区内9种典型地物的一阶微分变换光谱曲线特征。根据一阶微分变换光谱曲线寻找农作物间存在差异的光谱特征空间，并记录特征空间对应的波段范围。

（五）基于典型地物光谱曲线去除包络线后特征

包络线去除是将反射光谱吸收强烈的部分进行转换，放大光谱吸收特征，并在共同基线上进行比较。对野外获取的9种农作物原始光谱曲线进行包络线去除，得到研究区内9种典型地物去除包络线后的光谱曲线特征。根据包络线去除后的光谱曲线寻找农作物间存在差异的光谱特征空间，并记录特征空间对应的波段范围。

二、面向农作物的高光谱影像波段优选方法

选取聚类排序、稀疏表示、改进萤火虫3种方法进行高光谱影像波段优选方法研究，通过计算不同算法下波段子集的平均相关系数（ACC）、平均信息熵（AIE）、J-M距离、总体分类精度（OA）来评价波段选择结果，优选出适合卫星高光谱图像波段选择方法。

（一）波段优选方法

1. 聚类排序法

基于密度峰值快速聚类算法（FDPC）是研究每个点的局部密度和

聚类距离来识别聚类中心的。通过合理假设聚类中心被局部密度较低的邻居所包围，并且与局部密度较高的点之间距离较大，采用简单的准则来寻找独立密度峰。也就是说，每个数据点都是通过其局部密度和与更高密度点之间的距离的乘积进行排名的，簇中心被认为是得分异常大的点。同时，FDPC 方法只需要测量所有数据点对之间的距离，不需要参数化概率分布或多维密度函。本研究对 FDPC 算法进行改进，首先，通过加权局部密度和簇内距离 2 个因素计算每个波段的排名得分。其次，为了适当调整重要的截止阈值参数，引入了 1 种基于指数的学习规则，该方法被称为增强 FDPC（E-FDPC）。

FDPC 算法通过定义聚类中心为数据点密度中的局部最大值，提出了一种简单有效的数据点排序和自动寻找聚类中心的准则。即对于每个波段图像 i，$1 \leq i \leq L$，L 为高光谱波段数可以认为是 1 个数据点，其代表性由 2 个因素决定为局部密度ρ_i和到密度较高点的距离δ_i，这 2 个因素基于相似矩阵 S 计算，本研究计算 S 矩阵采用的是欧式距离。

$$D_{ij} = \frac{\sqrt{S_{ij}}}{L} \tag{4.2}$$

按公式（4.2）计算数据点 i 的局部密度ρ_i：

$$\rho_i = \sum_{j=1, j \neq i}^{L} exp\left(-\left(\frac{D_{ij}}{d_c}\right)^2\right) \tag{4.3}$$

式中，d_c是截止距离。

因此，ρ_i是比d_c更接近点 i 的点的数目。同样，δ_i是通过计算点 i 和任何其他密度更高的点之间的最小距离，即：

$$\delta_i = \min(D_{ij}), j: \rho_j > \rho_i \tag{4.4}$$

同时，对于所有点集中密度最高的数据点，即密度中全局最大的数据点，δ_i应远远大于典型的最近邻距离，即：

$$\delta_i = \max(D_{ij}), j, if\ \rho_i = \max(\rho) \tag{4.5}$$

按公式（4.3）和公式（4.4）计算 δ 后，将 δ 归一化，计算公式为：

$$\delta=\frac{\delta-\delta_{\min}}{\delta_{\max}-\delta_{\min}} \tag{4.6}$$

由于 ρ 的范围比 δ 的范围大得多，在归一化后 δ 的权重显著增加，为了补偿归一化过程中重量损失的 ρ，最终得到任意波段 i 的排名分数 γ：

$$\gamma_i=\rho_i\times\delta_i^2 \tag{4.7}$$

2. 稀疏表示法

稀疏表示是对原始信号的分解过程，在这个分解过程中，输入信号将被表示为字典的线性近似。在图像处理领域，稀疏表示已成功应用于图像去噪、图像恢复、图像识别等。同样，稀疏表示方法在高光谱图像的分类、目标检测等处理方面也取得了很大的成功。稀疏表示的思想扩展了对信号表示的 1 种新的思考方式，根据稀疏理论，每个波段可以被稀疏地表示，只使用几个与原子有关的非零系数在 1 个合适的基或字典中（Feng et al.，2014）

假设由 K 各线性无关的基 $\{\varphi_i\}_{i=1}^{K}$ 组成的 n 维空间，可以通过基 $\{\varphi_i\}_{i=1}^{K}$ 表示矢量 $X\in R^n$，按公式（4.7）计算：

$$X=\sum_{i=1}^{K}\alpha_i\varphi_i \tag{4.8}$$

式中，$\alpha_i\leqslant X$，α_i 是 X 在基函数 φ_i 上的展开系数，矢量 X 由一组线性无关的基线性表示，表示形式是唯一的，可以写成：

$$X=\varphi\alpha \tag{4.9}$$

式中，$\varphi\in R^{n\times K}$ 为基函数的组合，$\alpha\in R^K$ 为展开系数构成的系数矩阵。

在进行稀疏分解的过程中，以不同的方式逼近 l_0 范数对应不同的分解算法，采用匹配追踪算法（OMP）求解。OMP 算法的基本思想是对残差信号进行近似，先对投影方向进行 Gram-Schmidt 正交化，经过正交化，OMP 算法可以在几次迭代中实现收敛。该算法的缺点是投影方向是正的，交换需要大量的计算（韩超，2015）。

波段选择的主要目的是找到最优或次优的波段子集，而不是原始高光谱图像，可以用于序列应用。也就是说，波段子集是在某种度量下可以近似代表原始波段的集合，或者波段子集是对整个高光谱图像有主要贡献的波段的集合。因此，需要找出每个波段对整个图像的贡献，然后根据其贡献来选择波段。稀疏表示是有效的贡献排序方法，当 1 个波段图像被 1 个由其他波段图像组成的字典的线性组合近似时，稀疏系数或权值将表示每个字典原子对目标波段图像的贡献。当权值较大时，该波段对目标波段的贡献较大，当权值较小时，该波段对目标波段的贡献较小。通过相应的字典计算每个波段的稀疏表示，并得到一系列的权值，通过统计权重可以得到各波段对整幅图像的贡献。因此，权重较大的波段就是所选波段。

高光谱图像数据表示为 $X \in R^{M\times N\times L}$，将三维矩阵转换为二维矩阵即 $X=$［x_1，x_2，$\cdots$，x_n］，矩阵 X 每列表示高光谱图像的 1 个波段，如果在原始带集中存在 1 个最佳子集，则该子集可以近似表示原始带集。可以用下面的公式来表示这个关系：

$$x_i = D_i c_i, D_i \in X \tag{4.10}$$

式中，D_i是不包含x_i和c_i的带子集，是子集D_i上第 i 个图像向量的线性组合系数。

值得注意的是，上述公式有一个简单的解，在整个波段集合 X 中，有一个列向量x_i，因此可以用整个波段集合 X 作为基，导致系数 c_i 为 1，其他系数均为零。因此，系数向量 c 将是 1 个单位向量，它导致所有波段向量的权值相同。为了避免这种情况，将每个波段向量分配给 1 个波段子集 D_i（也称为子字典），将使用这些新词典。另外，如果用定义的波段子集来描述所有波段，则公式（4.9）可以表示为 $X \approx Dc$。

令 $D=X$，对于任意波段 x_i 可以用字典 D 中一些非零系数对应的波段线性表示，所有波段则为 $X=DC$，高光谱数据表示为：

$$C\ \min\|X-XC\|_F^2+\lambda\ \|C\|_1 \quad (4.11)$$

$$\text{s. t. } C_{ii}=0$$

式中，X 是高光谱图像，C 是稀疏系数，$\|C\|_1$ 为 L_1 范数，即 C 矩阵元素绝对值之和。

求解稀疏系数矩阵 C，C 矩阵列向量为稀疏的，即一个波段由相关性强的波段表示，行向量 c_i 表示第 i 波段对其他波段稀疏表示的贡献率，从而评估在所有波段中第 i 波段的重要性。也就是说 $\|c_i\|_2$ 值越大，表示波段贡献量越大越重要。

3. 改进萤火虫算法

萤火虫算法（FA）是 1 种进化优化算法，它的灵感来自萤火虫荧光生物学特性的研究。萤火虫有不同的闪光行为，用于交流和吸引潜在的猎物，有 2 个必要的元素，即亮度 I 和吸引力 β，在特定距离 r 处，I 遵循平方反比定律，即 I 随着 r 的增加而减少。在 FA 中，萤火虫的亮度用它当前的位置表示：如果它更亮，它的位置是首选，这也意味着目标函数的值较大。不那么明亮的萤火虫会向明亮的萤火虫移动，在这种情况下，萤火虫的亮度有相同的值，他们将随机移动。

在描述“萤火虫”时，有以下假设：其一，所有的萤火虫不分性别，因此一只萤火虫会被其他萤火虫所吸引，不论其性别；其二，萤火虫的吸引度与其亮度成正比；其三，亮度与目标函数成正比。在萤火虫移动过程中，I 和 β 不断更新，随机分布的点逐渐向极值点移动，经过一定次数的迭代，不需要的点被消除，并最终确定最佳位置点。

萤火虫算法的数学定义如下：

萤火虫相对荧光亮度按下式计算：

$$I(r)=I_0e^{-\gamma r_{i,j}^2} \quad (4.12)$$

式中，I_0是由目标函数确定的萤火虫最大荧光亮度，γ 是光强吸收系数，通常设置为常数，$r_{i,j}$是 2 只萤火虫之间的空间距离。

萤火虫的吸引度按下式计算：

$$\beta(\gamma) = \beta_0 e^{-\gamma r_{i,j}^2} \tag{4.13}$$

式中，β_0是最大吸引度。

萤火虫 i 被萤火虫 j 吸引，向萤火虫 j 移动的位置更新公式为：

$$x_i = x_i \beta(\gamma)(x_j - x_i) + \alpha(rand - \frac{1}{2}) \tag{4.14}$$

式中，x_i、x_j分别是萤火虫 i 和 j 的空间位置；α 为步长因子，是［0，1］之间的常数；$rand$ 是［0，1］上服从均匀分布的随机因子。

选取 J-M 距离作为目标函数来衡量类别之间的可分离性，按公式（4.15）、公式（4.16）计算：

$$J_{ij} = 2(1 - e^{-B}) \tag{4.15}$$

$$B = \frac{1}{8}(\mu_i - \mu_j)^2 (\frac{2}{\sigma_i^2 + \sigma_j^2})(\mu_i - \mu_j) + \frac{1}{2}\ln\left[\frac{\sigma_i^2 + \sigma_j^2}{2\sigma_i \sigma_j}\right] \tag{4.16}$$

式中，J_{ij}是第 i 类别与第 j 类别之间的 J-M 距离；B 是某一特征维的巴氏距离；μ_i、μ_j分别是第 i，j 类别在某个特征上的样本均值；σ_i^2、σ_j^2分别是第 i，j 类别特征的方差。

利用改进萤火虫算法进行高光谱图像波段选择的过程通过以下步骤实现。

步骤 1，参数初始化：最大迭代次数 $t = 100$，步长 $\alpha = 0.5$，光吸光度 $\gamma = 1$，萤火虫数量 m，选择波段数 b，目标函数 J-M 距离为 I_0。

步骤 2，计算亮度（即吸引力），用 1 只萤火虫包含的 b 个波段评价目标函数 I_0，共评价 m 只萤火虫（即所选波段的 m 组）。

步骤 3，估计萤火虫的运动状态。

步骤 4，根据公式用更新的萤火虫更新目标函数（即更新选定的波段指标）。

步骤 5，重复步骤 2~4，直到达到最大迭代次数。最终选择的波段是指数包含在产生 I_0 最大的萤火虫中的 b 波段。

（二）波段选择结果评价

1. 平均相关系数（ACC）

波段子集平均相关系数按照下式计算：

$$\bar{R}=\frac{1}{M^2}\sum_{i=1}^{N-1}\sum_{j=i+1}^{N}R_{ij} \tag{4.17}$$

式中，N 是总波段数；M 是样本总数；R_{ij} 是波段 i 和波段 j 之间的相关系数。

2. 平均信息熵（AIE）

信息熵通常被用来衡量波段的信息含量，信息熵值越大，波段所包含的信息量则越丰富。信息熵按下式计算：

$$H(x)=E\{\log[2,1/P(x_i)]\}=-\sum P(x_i)\log[2,P(x_i)]\,(i=1,2\cdots,n) \tag{4.18}$$

式中，x 是随机变量；P（x）是输出概率函数。变量的不确定性越大，熵值也就越大。

3. 总体分类精度（OA）

总体分类精度按照下式计算：

$$OA=\frac{\sum_{i=1}^{C}m_{ii}}{M} \tag{4.19}$$

式中，m_{ii} 是第 i 类验证样本被正确分类的样本数；C 是样本的类别数。

第三节　面向农作物分类的高光谱影像特征挖掘方法

一、高光谱影像特征提取

（一）光谱特征

1. 原始光谱数据及数学变换

分析地物原始光谱曲线以及数学变换后的光谱曲线特征，得到原始光谱曲线、倒数变换光谱曲线、对数变换光谱曲线存在的光谱差异较大，因此计算原始波段数据的倒数及对数，提取影像的光谱特征共39个。

2. 植被指数

选取归一化植被指数（NDVI）、增强型植被指数（EVI）、比值植被指数（RVI）作为光谱特征。NDVI是检测植被生长状态、植被覆盖度的指数，能反映出植被冠层的影响，按照下式计算：

$$\mathrm{NDVI}=\frac{(\mathrm{NIR}-R)}{(\mathrm{NIR}+R)} \tag{4.20}$$

式中，NIR是近红外波段反射率；R是红波段反射率。EVI是对土壤背景变换极为敏感的指数，按照下式计算：

$$\mathrm{EVI}=2.5\times\frac{\mathrm{NIR}-R}{\mathrm{NIR}+6.0\times R-7.5\times B+1} \tag{4.21}$$

式中，B是蓝波段反射率。RVI是绿色植物的灵敏指示参数，绿色健康植被覆盖区RVI值远大于1，按照下式计算：

$$\mathrm{RVI}=\frac{\mathrm{NIR}}{R} \tag{4.22}$$

本研究提取了39个光谱波段特征和3个植被指数特征共42个光谱特征。

（二）空间特征

1. 纹理特征

度共生矩阵被定义为从灰度为 i 的像素点出发，离开某个固定位置的点上灰度值为的概率，即所有估计的值可以表示成一个矩阵的形式，以此被称为灰度共生矩阵。对于纹理变化缓慢的图像，其灰度共生矩阵对角线上的数值较大；而对于纹理变化较快的图像，其灰度共生矩阵对角线上的数值较小，对角线两侧的值较大。由于灰度共生矩阵的数据量较大，一般不直接作为区分纹理的特征，而是基于它构建的一些统计量作为纹理分类特征。灰度共生矩阵计算出来的统计量包括能量、熵、对比度、均匀性、相关性、方差、平均值。（Hao et al.，2021）。

在图像中任意一点(x, y)及偏离它的一点（$x+a$，$y+b$）（其中 a，b 为整数）构成点对，设该点对的灰度值为(f_1, f_2)。假设图像的最大灰度级为 L，则f_1 和f_2 有 $L \times L$ 的组合，对于整个图像，计算每个(f_1, f_2)值的出现次数，然后将它们排列成 1 个方阵，然后用(f_1, f_2)的总出现次数归一化到出现概率 $P(f_1, f_2)$，得到的矩阵就是灰度共生矩阵（韩彦岭 等，2020）。本研究计算了每个波段的能量、熵、对比度、均匀性、相关性、方差、平均值，共 104 个特征。

2. 形态学特征

形态学是研究动植物结构的生物学分支，数学形态学（也称为图像代数）是基于形态学分析图像的数学工具。数学形态学以图像的形态特征为研究对象，描述图像的基本特征和基本结构，即描述图像中元素与元素、部分与部分之间的关系（Lin et al.，2020）。形态学图像处理通常表示为邻域运算的一种形式，采用邻域结构单元法，在每个像素位置，邻域结构元素和对应于二值图像的区域经受特定的逻辑操作。逻辑运算的结果是输出图像的对应像素，数学形态学运算有七种最常见的基本运算，即：腐蚀、膨胀、开运算、闭运算、打击、细化和粗化，它们是所有形态学的基础（Wang et al.，2021）。形态学的主要应用在图像边界提取、区域填充、连通分量的提取、细化、粗化等方面。

形态学基本思想是用具有一定形态的结构元素去度量和提取图像中的对应形状以达到对图像分析和识别的目的形态学图像处理的数学基础和所用语言是集合论形态学图像处理的应用可以简化图像数据，保持它们基本的形状特性，并除去不相干的结构形态学图像处理的基本运算有 4 个，即膨胀、腐蚀、开运算、闭运算，形态学的主要应用：边界提取、区域填充、连通分量的提取、细化、粗化等

腐蚀和膨胀似乎是一对相互作用的操作，但实际上 2 个操作并不存在相互作用的关系。开运算和闭运算操作是基于腐蚀和膨胀的不可逆性而发展起来的，先腐蚀后膨胀的过程称为开放式操作，通过执行不同的腐蚀和膨胀顺序来实现闭操作。封闭操作是先膨胀后腐蚀的过程，它的功能是填充物体上的小孔，连接相邻物体，平滑它们的边界，不明显的变化不会显著改变其面积。本研究计算了图像各个波段的膨胀、腐蚀、开运算、闭运算，共 52 个特征。

3. 边缘锐化特征

边缘锐化主要目的是增强图像的轮廓边缘、细节，以突出图像中景物的边缘或纹理，形成完整的物体边界。使得图像得边缘和轮廓更加清晰，又叫作空域高通滤波。本研究选择 Sobel 算子方法提取高光谱图像的边缘特征，特征提取按公式（4.23）和公式（4.24）计算：

$$S_x=[f(i-1,j+1)+2f(i,j+1)+f(i+1,j+1)]-[f(i-1,j-1)+2f(i,j-1)+f(i+1,j-1)] \tag{4.23}$$

$$S_y=[f(i+1,j-1)+2f(i+1,j)+f(i+1,j+1)]-[f(i-1,j-1)+2f(i-1,j)+f(i-1,j+1)] \tag{4.24}$$

$f'_{(i,j)}=\sqrt{S_x^2+S_y^2}$是 Sobel 算子边缘增强后的图像。

由于加权平均的引入，对图像中的随机噪声有一定的平滑效果，由于 2 行或 2 列之间的差异，边缘两侧的像素得到增强，锐化后的图像边缘显得厚实明亮。本研究计算了 13 个边缘特征、104 个纹理特征、52 个形态学特征、42 个光谱特征，构建的特征集一共包括 211 个特征，多特征集合组成如表 4.1 所示。

表 4.1　本研究提取的分类特征集

	特征序号	名称
光谱特征	1~13	倒数光谱
	14~26	原始光谱
	27~39	对数光谱
	40~42	NDVI、RVI、EVI
空间特征	43~146	GLCM（能量、熵、对比度、均匀性、相关性、方差、平均值、方差）
	147~159	边缘特征
	160~211	形态学特征（膨胀、腐蚀、开运算、闭运算）

二、高光谱影像特征优选方法

（一）随机森林法

随机森林（RF）是由一系列决策树组成的，其中森林中的每棵树都是使用训练数据的随机样本进行训练的，策略与 Bagging 相同。Bagging 是从原始数据集随机重新采样 2/3n 次，生成新的训练集，替换时，n 为原始训练集中的样本数量。剩下的 1/3 是放下树来生成一个测试分类，并计算袋外误差（OOB），Bagging 内的每个树都是建立在输入特征总集的随机子集上的。采用多数投票的方法，对个体随机森林的结果进行组合，确定模型输出。

在RF中可以优化2个自由参数：为使OOB误差统计值收敛，每个研究点的树木数量设置为相对较高的100棵，因为树木数量越多并不能提高性能。第2个与准确分类有关的自由参数是用于分割节点的特征数量个数，按照通常的建议，它被设置为输入特征总数的平方根。RF的重要且即将出现的特性是变量或特征重要性的计算，这里表示I_f。排列重要性通过随机森林包中的R函数重要性来计算。OOB数据在分类过程中通过确定特征的重要性来进行特征选择，第i棵树生长时计算预测精度，在OOB样本中随机排列第f_{th}特征值后，再次计算精度。在精度测量的差异是平均每i棵树在集成。每个变量的精度通过标准误差归一化，得到Z分数，可以用来分配特征的重要程度，并生成特征的排名列表。由于树中每个节点的变量选择具有随机性，因此变量重要性统计中预计会出现一定程度的随机性。因此，建立了10次射频模型，并在10次模型运行中计算特征重要性的平均值。

随机森林重要性排序步骤如下。

步骤1，对于随机林中的每个决策树，使用相应的袋外数据（OOB）数据来计算其袋外数据误差，表示为$errOOB1$。

步骤2，对所有OOB样本的特征X随机加入噪声干扰，再次计算其出袋外数据误差，记录为$errOOB2$。

步骤3，假设随机森林中有N棵树，特征X的重要性为$\sum(errOOB2-errOOB1)/N$。

（二）嵌入式L_1正则化法

数据集$D=\{(x_1, y_1), (x_2, y_2), \cdots, (x_m, y_m)\}$，$x \in R^d dimension$，$y \in R$，考虑最简单的线性回归模型，以平方误差为损失函数：

$$\min_w \sum_{i=1}^{m} (y_i - w^T x_i)^2 \tag{4.25}$$

正则化（Regularization）是在优化的目标函数中，添加一项与常数因子λ或α相乘的参数，称为正则项。由于目标函数向最小化方向发展，被加进来的这一项使目标函数倾向更小。带 L_1 正则化的线性回归的目标函数为：

$$\min_{w}\sum_{i=1}^{m}(y_i-w^T x_i)^2+\lambda\|w\|_1 \tag{4.26}$$

带 L_2 正则化的线性回归的目标函数为：

$$\min_{w}\sum_{i=1}^{m}(y_i-w^T x_i)^2+\lambda\|w\|_2 \tag{4.27}$$

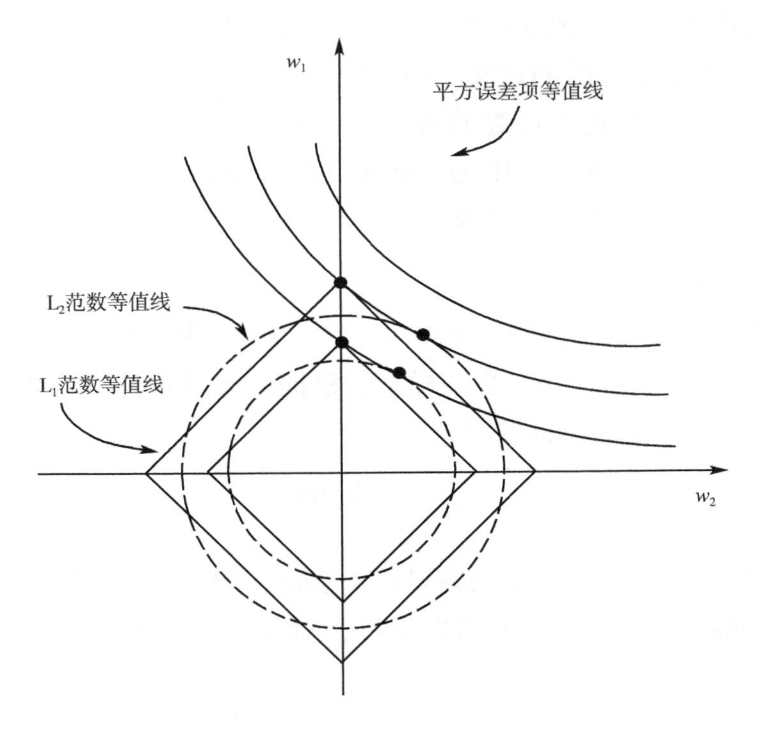

图 4.1　L_1 正则化原理

如图 4.1，假设变量 x 只有 2 个维度 x_1，x_2，则 w 也只有 2 个维度 w_1，w_2。在（w_1，w_2）空间里将平方偏差取值同样的点连成线，即为平方偏差项等值线。再画出 L_1，L_2 范数的等值线，即在（w_1，w_2）空间中 L_1 范数与 L_2 范数取值相同的点的连线，如图 4.1 所示。平方偏差等值线与正则化项等值线的交点则为带正则化项的线性回归目标函数的解。由图中可以看出，L_2 范数等值线与平方误差等值线的交点不位于坐标轴上，即在 w_1 和 w_2 上均有取值。L_1 范数等值线位于坐标轴上，即 w_1 或 w_2 为 0，故起到了降维的效果。

L_1 和 L_2 正则化也称为 L_1 范数正则化与 L_2 范数正则化，这两种正则化都可以用来降低过拟合的风险，但是 L_1 正则化比 L_2 正则化的优势在于可以比较容易地获得稀疏解 w（包括较少地非零向量）（López et al.，2017）。w 稀疏的意义是初始的 d 个特征中仅有对应着 w 的非零分量的特征才会出现在最终的模型中，所以结果采用的是一部分初始特征的模型。因此删掉 w 中为系数为 0 的特征，可以将 L_1 正则化学习方法视为一种特征选择的过程。

（三）类内类间法

高光谱图像表示为 $X=[x_1, x_2, \cdots, x_n]$，其中 $x_i=[x_1^i, x_2^i, \cdots, x_p^i]$ 为 i 波段，挑选出第 i 类的样本，根据训练样本计算类内距离。首先计算样本的均值 m_i，计算式为：

$$m_i=\frac{1}{n_i}\sum_{i=1}^{n_i}x_k^{(i)} \tag{4.28}$$

式中，n_i 是第 i 类样本的数量；x_k^i 是第 i 类样本的均值。

在获得第 i 类样本的平均向量后，对每一类的平均向量再求均值得到总体均值 m，计算式为：

$$m=\sum_{i-1}^{c}P_i m_i \tag{4.29}$$

式中，P_i 是第 i 类样本占的比重；C 是样本总的类别数。

类间距离矩阵 S_b 按下式计算：

$$S_b=\sum_{i=1}^{C}P_i(m_i-m)(m_i-m)^T \tag{4.30}$$

类内距离矩阵 S_w 按下式计算：

$$S_w = \sum_{i=1}^{M} P(\Omega_i) S_w^{(i)} = \sum_{i=1}^{M} P(\Omega_i) \frac{1}{N_i} \sum_{k=1}^{N_i} (X_k^{(i)} - m^{(i)})(X_k^{(i)} - m^{(i)})^T \tag{4.31}$$

特征选择时，需满足类内分散度尽量小，需要上述中 tr（S_w）尽量小，类间分散度尽量大，即上述中 tr（S_b）尽量大，tr（S_b）/tr（S_w）尽可能大。

第四节　结果与分析

一、典型地物的反射光谱特征分析

（一）原始光谱曲线特征分析

野外测量总共获取 9 种植被的光谱曲线，经预处理后得到结果如图 4.2 所示。9 种农作物在可见光近红外波段的光谱曲线特征符合植物光谱曲线走势。即在 550 nm 附近，几种农作物均出现了反射峰，此处因叶绿素吸收蓝光和红光，反射绿光，其中花生的反射率值较大，栾树和桑树的反射率较小，因此可选择高光谱中 550 nm 附近的波段以此来区分出花生，其余 8 种农作物在该波段处光谱反射率较为相似。680～700 nm 农作物的反射率急剧上升，该波段范围为红边波段。700～1 300 nm 范围内花生和桃树的反射率较大。780～900 nm 花生反射率高于其他 8 种农作物，桃树次之。900～1 300 nm 处，桃树反射率依然低于花生。925 nm 处出现反射峰，该处峰值相较于其他峰值变化趋势较小，但 5 种农作物在该处的反射率值存在较大差异，可区分花生、桃树、其他蔬菜、葡萄、玉米，因而该处可作为植被类型识别的光谱特征区域。在1 250 nm 处出现反射峰，该处植被反射率差异较为明显，可区分花生、桃树、白菜。葡萄的反射率较低，在 0.4 左右浮动，玉米反射率在 0.45 左右浮动。其他蔬菜反射率在 0.5 左右浮动，剩余农作物的反射率在 0.48 左右浮动。总体而言，780~1 300 nm 内各种农作物光谱曲线差异明显，为农作物分类的重要研究区间。

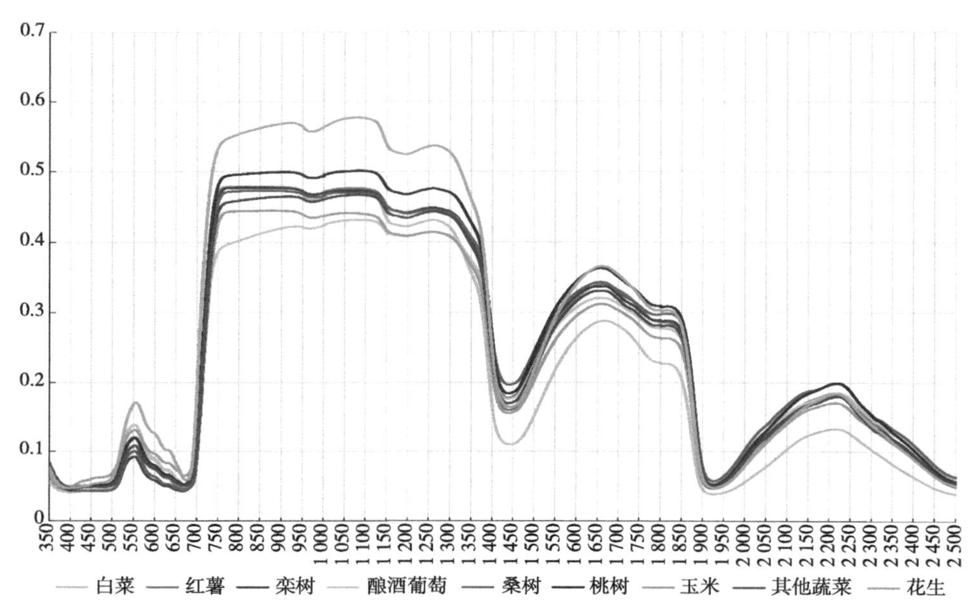

图 4.2　预处理后的原始光谱曲线

（二）倒数变换光谱曲线特征分析

野外获取的 9 种原始植被光谱经倒数形式变换其结果如图 4.3 所示。对 9 种农作物的倒数光谱进一步分析，发现 350~490 nm 波段区间内，9 种农作物的光谱曲线呈先上升，后下降的趋势。400~490 nm，红薯、桃树、桑树差异较大，该范围是区分农作物类别的主要光谱范围。但在原始光谱中，该波段范围内农作物的光谱曲线较为相似，难以用于区分各种农作物，倒数变换后，该波段范围可区分 3 种农作物。490~670 nm 处于先下降后上升的趋势，550 nm 附近达到最小值，可区分栾树、玉米、花生。上述 2 个特征区域较容易区分一部分农作物，在原始光谱曲线内上述 2 个光谱区域内，农作物光谱曲线相似，难以区分。在1 450 nm 和1 925 nm 处原始光谱中的 2 个吸收谷转换为反射峰，在此波段区间可区分白菜和其他蔬菜，另外 7 种农作物光谱曲线变换趋势则较为相似。

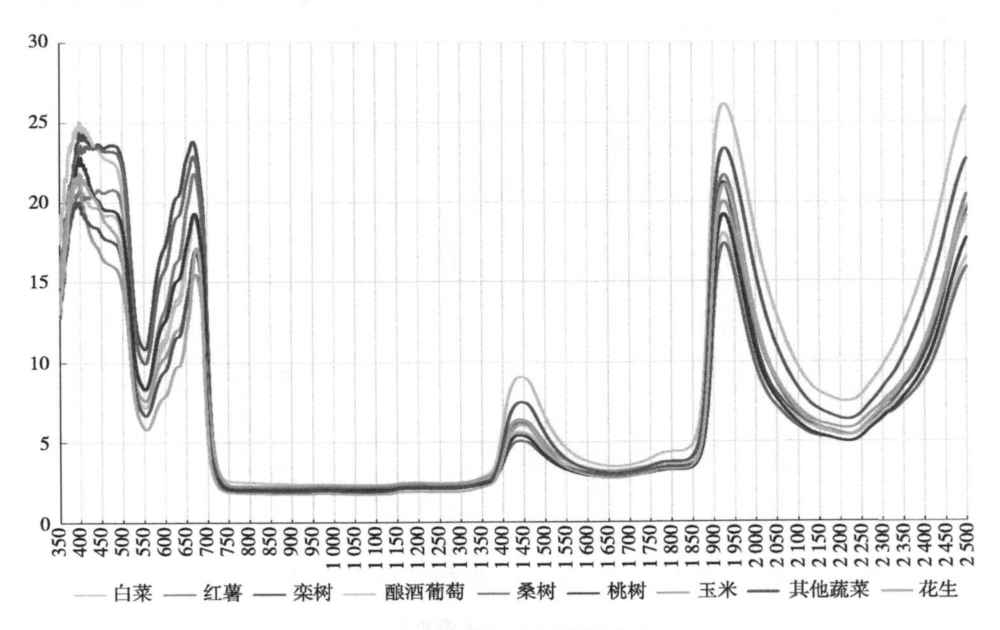

图 4.3　农作物倒数光谱曲线

（三）对数变换光谱曲线特征分析

将 9 种农作物的原始光谱曲线进行对数变换，如图 4.4 所示，对数变换增强了 380~680 nm 范围的光谱差异。其中 380~500 nm，农作物的光谱反射率差异较为明显，玉米、其他蔬菜反射率较大，桑树、白菜、红薯、桃树光谱反射率较为相似，葡萄、桑树、栾树光谱反射率较低且较为相似。500~550 nm，各种农作物的反射率均陡然上升，550 nm 处达到了最大值，该波长附近具有差异的农作物有花生、玉米、桑树、栾树。550~650 nm 范围内，农作物光谱曲线呈下降趋势，650 nm 处反射率最小，该波长范围内农作物间光谱差异变化较小，难以区分。750~1 350nm 波段范围中，农作物光谱曲线为高值区，并且农作物间存在较为明显的差异，可区分花生、玉米、桃树、其他蔬菜、葡萄 5 种农作物。

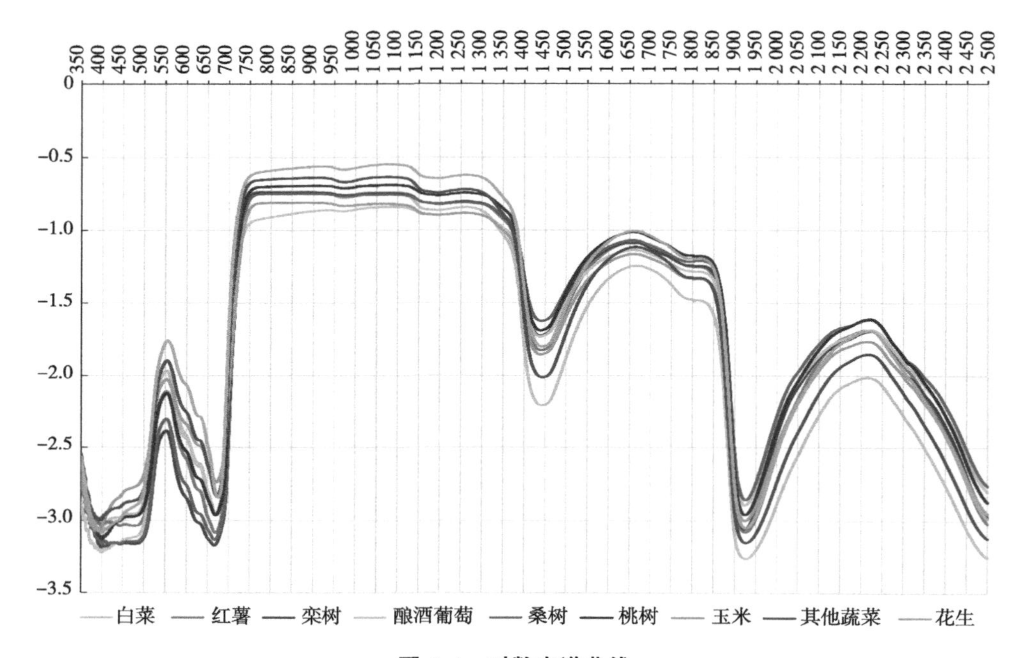

图 4.4　对数光谱曲线

（四）一阶微分变换光谱曲线特征分析

光谱微分技术可减少大气散射和吸收对光谱曲线的影响，对 9 种光谱曲线进行一阶微分处理，结果如图 4.5 所示。一阶微分光谱主要体现为光谱曲线的变化速率，15 种农作物光谱曲线在 525 nm、720 nm、1 000 nm 附近达到了正变化速率的极大值。在 525 nm 附近，花生的变化速率最快，玉米的变化速率最慢，该情况与植被中叶绿素对绿光区的反射能力有关。720 nm 附近依然是花生变化速率最快，玉米的变化速率最慢，该波段附近则是对农作物类型识别至关重要的“红边”波段。在1 000 nm 处植被光谱的反射率增速缓慢，在此波长附近

9 种农作物的导数值差异均较小。总体上来说，9 种农作物在一阶微分光谱上光谱差异均较小。

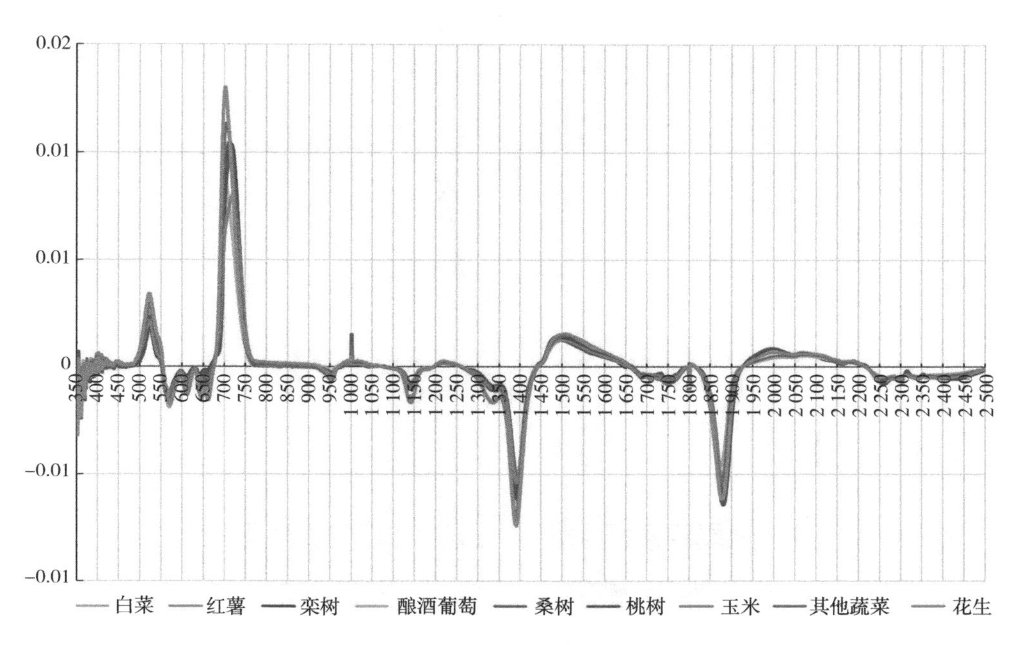

图 4.5　一阶微分光谱曲线

（五）包络线去除光谱曲线特征分析

包络线去除光谱中，500 nm 处达到第 1 个极值，400~450 nm 可区分玉米，其余 8 种农作物光谱曲线差异较小。675 nm 处为第 2 个极值点，在该波长附近 9 种农作物呈现相似的趋势，难以区分农作物类型，在 750~1 300 nm 区间内仅仅能区分白菜。1 450 nm 处达到第 4 个极值点，在该点处可区分红薯和白菜，在 1 950~2 500 nm 范围内，农作物的光谱差异开始明显增加，该波长范围内可区分葡萄、栾树、白菜、红薯、玉米、桑树，可视为区分农作物类型的特征区间。

光谱曲线在原始光谱、倒数光谱、对数光谱上，光谱差异较大；在一阶微分光谱和包络线去除光谱上，9 种农作物的光谱曲线差异较小。本研究对应选择的 GF-5 高光谱数据中可见光近红外波段（1~150 波段），光谱曲线分析集中在 350~1 030 nm 区间内。

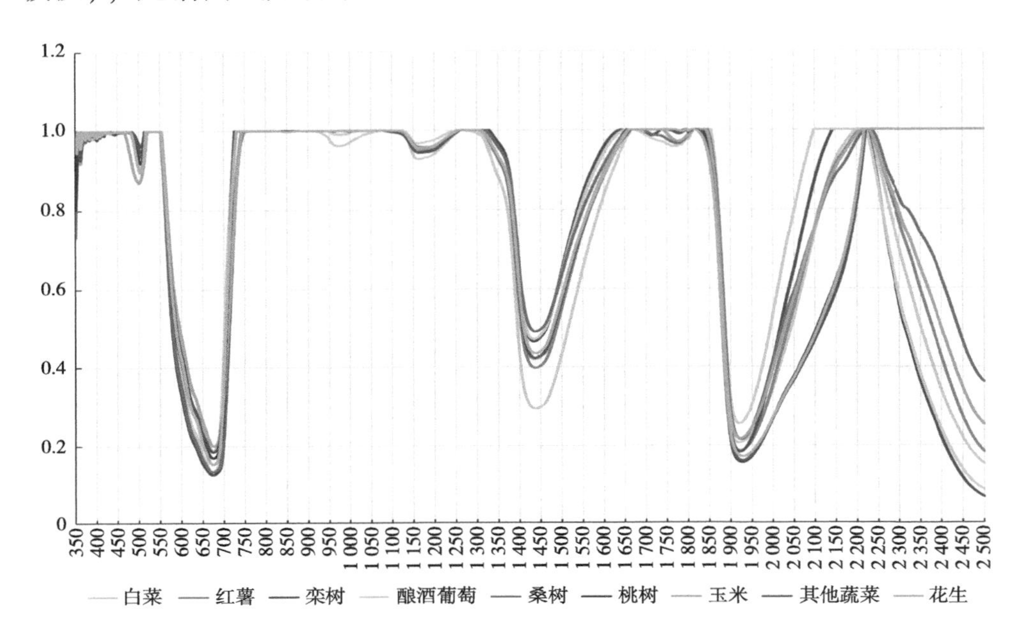

图 4.6　包络线去除光谱曲线

综上所述，存在光谱差异的波段区间为 400~490 nm、540~650 nm、750~1 030 nm，对应 GF-5 高光谱图像中的波段序号为 4~24 波段、36~61 波段、86~150 波段，共 112 个波段，后面的高光谱图像融合、数据降维研究均基于 112 个波段进行。

二、不同算法下的高光谱影像波段选择结果比较

为了评价聚类排序、改进萤火虫算法、稀疏表示 3 种波段选择方法优劣程度，选取波段子集的平均信息熵、平均相关系数、J-M 距离、总体分类精度定量评价波段选择结果。表 4.2 给出了不同波段选择方法下的定量评价结果，得到以下结论。

改进萤火虫算法最终选择 13 个波段，波段序号为 5、7、8、36、40、42、61、124、129、134、138、145、146；基于快速密度峰值聚类选择 13 个波段，波段序号为 24、36、37、42、43、44、45、46、47、48、49、105、117；基于稀疏表示也选择了 13 个波段，波段序号为 1、2、3、5、21、22、33、51、61、67、124、129、134。

表 4.2　波段选择结果定量评价

评价指标	聚类排序法	改进萤火虫算法	稀疏表示法
AIE	12.36	12.58	11.56
ACC	0.75	0.48	0.76
J-M 距离	1.896	1.918	1.855
OA/ %	86.91	89.78	82.30

由表 4.2 可以得到改进萤火虫算法波段子集的 AIE 最高，ACC 最低，说明波段信息量最大、相关性最小。基于聚类排序和基于稀疏表示波段选择方法的定量评价结果总体较为接近，基于稀疏表示的平均信息熵排名第二，略低于改进萤火虫算法。基于聚类排序波段选择方法 AIE 在 3 种方法中最低，但 ACC 高于基于稀疏表示波段选择。就波段间距离可分性来看，3 种方法的平均 J-M 距离均优于 1.8，说明了 3 种方法选择的波段子集均有较好的可分性，其中改进萤火虫算法类间可分性最优，其次是聚类排序法，最后是稀疏表示法。就分类精度来看，聚类排序法总体分类精度为 86.91 %，改进萤火虫算法总体精度为 89.78 %，稀疏表示总体分类精度为 82.30 %，改进萤火虫算法优于聚类排序算法优于稀疏表示算法。总的来说，改进萤火虫算法在 3 个定量评价指标上均优于其他 2 种波段选择方法。

三、不同算法下的高光谱影像特征优选结果比较

为了评价各种算法下的高光谱图像特征优选结果，表 4.3 给出了

嵌入式 L_1 正则化、随机森林、基于类内类间距离 3 种特征选择方法的总体分类精度（OA）、Kappa 系数、各类地物的制图精度和用户精度。以此来选出适合卫星高光谱图像农作物精细分类特征优选方法。

嵌入式 L_1 正则化最终选择 20 个特征，特征序号为 20、40、42、69、79、83、103、104、109、113、114、119、129、133、152、172、184、204、210、211；随机森林选择 20 个特征，波段序号为 40、42、169、171、172、173、174、184、186、187、197、198、199、200、206、207、208、209、210、211；基于类内类间距离也选择了 20 个特征，特征序号为 59、61、67、74、79、80、89、93、98、102、107、114、119、123、130、134、137、144、168、169。

表 4.3　不同特征选择方法下的分类精度比较

类别	嵌入式 L_1 正则化		随机森林		类内类间距离	
	制图精度/%	用户精度/%	制图精度/%	用户精度/%	制图精度/%	用户精度/%
红薯	84.31	62.98	84.28	64.39	94.88	95.60
葡萄	76.05	77.47	74.04	95.29	91.42	75.27
栾树	74.06	75.83	76.31	83.68	86.66	94.00
玉米	91.21	92.09	79.19	90.12	84.31	84.05
花生	89.07	43.45	93.14	60.91	87.08	94.92
桑树	72.23	93.25	74.11	81.25	91.66	50.94
大棚	73.91	85.79	74.29	86.85	95.65	76.29
桃树	78.34	92.34	78.14	86.51	78.72	85.67
其他蔬菜	78.20	70.49	77.64	62.83	82.81	100
白菜	91.80	74.34	91.54	76.39	71.35	100
建筑	96.90	99.98	95.81	97.90	97.39	99.07
OA/%	86.88		84.24		92.29	
Kappa	0.84		0.82		0.85	

由表 4.3 可以得到，3 种特征选择方法分类结果的总体精度均优于 80 %，其中基于类内类间距离特征选择总体分类精度最高为 92.29 %，Kappa 系数为 0.85；其次是嵌入式 L_1 正则化特征选择方法，总体分类精度为 86.88 %，Kappa 系数为 0.84，随机森林特征选择方法总体分类精度最低为 84.24 %，Kappa 系数为 0.82。基于类内类间距离特征选择相较于其他 2 种方法总体分类精度分别增加了 5.08 个百分点和 7.52 个百分点。同时基于类内类间距离特征选择分类精度优于 3 种波段选择的分类结果，总体分类精度比基于改进萤火虫算法波段选择精度高了 3.11 个百分点。对于研究区内的 11 种地物来说，3 种方法的分类结果中各个地物的制图精度优于 70 %，其中建筑制图精度均优于 95 %。嵌入式 L_1 正则化方法中玉米和白菜的制图精度最高，分别为 91.29 %、91.80 %；随机森林方法中花生的制图精度最高为 93.14 %；基于类内类间距离特征选择方法中红薯、葡萄、栾树、桑树、大棚、桃树、其他蔬菜制图精度均为最高，分别是 94.88 %、91.42 %、86.66 %、91.66 %、95.65 %、78.72 %、82.21 %。这说明了基于类内类间距离选择的特征地物识别能力最强，其次是嵌入式 L_1 正则化选择的特征，最后是随机森林选择的特征。

第五节　本 章 小 结

本章以改进 PCA 融合方法得到的空间分辨率为 2 m 的高光谱图像为数据源，包括波段选择和特征优选 2 个部分。波段选择首先定性分析了 9 种农作物光谱曲线的光谱差异，得到存在光谱差异的波段区间为 400~490 nm、540~650 nm、750~1 030 nm，对应 GF-5 高光谱图像中的波段序号为 4~24 波段、36~61 波段、86~150 波段，共 112 个波段。然后，采用基于聚类排序、改进萤火虫算法、基于稀疏表示 3 种波段选择方法，选择平均信息熵（AIE）、平均相关系数（ACC）、J-M

距离、总体分类精度（OA）来定量的评价波段选择结果；得到改进萤火虫算法在定量评价指标上均优于其他 2 种波段选择方法。最后，特征选择采用了嵌入式 L_1 正则化、随机森林、基于类内类间距离 3 种方法，通过混淆矩阵得到总体分类精度及各类地物的制图精度和用户精度。得到 3 种特征选择方法分类结果的总体精度均优于 80 %，其中基于类内类间距离特征选择总体分类精度最高为 92. 29 %，Kappa 系数为 0. 85。

第五章　面向高光谱遥感的农作物分类算法优选研究

机器学习分类算法（如常见的支持向量机、随机森林等）在多光谱图像农作物分类研究中已经得到广泛应用，并且取得了不错的分类结果。但在高光谱遥感农作物分类研究中，对于机器学习是否适合农作物分类以及哪种机器学习分类算法更适用于高光谱图像农作物精细分类还有待进一步研究。本章以 GF-5 AHSI 高光谱图像为遥感数据源，选取支持向量机（SVM）、随机森林（RF）2 种机器学习算法和传统的统计学分类算法最大似然法（MLC）对研究区内典型农作物进行分类。通过验证数据建立的混淆矩阵选择图像分类的总体分类精度、Kappa 系数、用户精度、制图精度，以期优选出更适合复杂种植地区的高光谱遥感农作物分类方法。

第一节　面向高光谱遥感的农作物分类算法设计

一、支持向量机（SVM）法

支持向量机（SVM）基于结构风险最小化的概念，支持向量机的基本形式是在 2 个类之间学习 1 个分离的超平面，最大限度地扩大它们之间的距离（牟多铎 等，2019）。定义超平面的训练点称为支持向量，完全定义分类器。SVM 由 Vapnik 等人提出，在 20 世纪 90 年代中后期得到快速发展，目前已经成为机器学习和数据挖掘领域中的重要工具。为了将概念扩展到非线性决策边界，训练样本被隐式映射到具有核函数的高维空间。使用径向基核函数（RBF），其中2个关键参数是核函数的宽度和正则化的强度，以此控制支持向量机的行为。SVM提供了更好的性能和更短的训练时间，并且在农作物分类中取得很好的效果，但SVM算法对大规模训练样本难以实施。SVM大致原理如图5.1所示。SVM分类需要设置的关键参数包括核函数和惩罚因子。本研究采用ENVI 5.3软件中的支持向量机分类器，该分类器的最优参数通过训练样本得到，不需要设置参数。

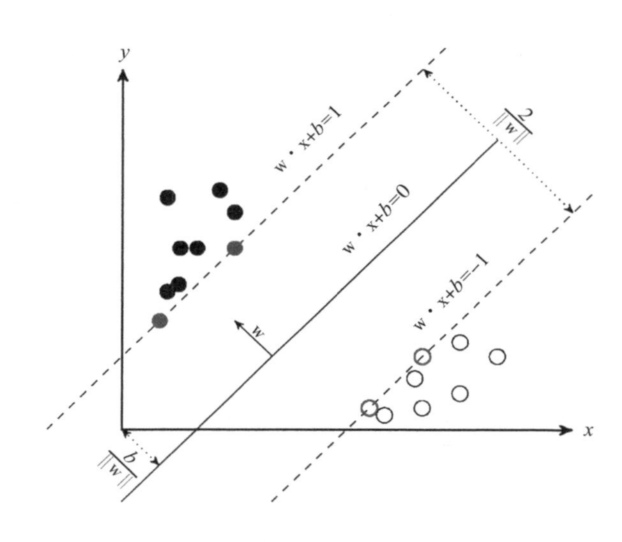

图5.1　线性支持向量机

如果将图中与分类线平行的2个样本点称为支持向量，则可以用比初始样本少得多的样本来训练学习模型，从而使学习模型更加复杂。其中一个核心问题是支持向量机必须具有泛化控制能力，即分类间隔必须最大化。

由图 5.1 可以看出，当找到一个合适的超平面时，样本将被分为两类，并使它们之间的间隔最大化。线性支持向量机是指虽然分割平面不能完全分割所有数据，但是线性分割方法可以使大部分数据得到正确的分类，这样的支持向量机也可以称为线性支持向量机。如果需要搜索的超平面系数用得到的 w 来表示，则可以按下式进行计算：

$$\max \frac{1}{\|w\|} s.t.\ y_i(w^T x_i + b) \geqslant 1, i=1,2,\cdots,n \tag{5.1}$$

训练样本集可以归纳为：

$$S=\{(x_i,y_i), i=1,2,\cdots,k\}, x_i \in R^n, y_i \in \{+1,-1\} \tag{5.2}$$

支持向量机线性模型表示为：

$$\min_{w,b,\xi} \frac{1}{2}\|w\|^2 + c\sum_{i=1}^{l}\xi_i s.t.\ y_i(w^T x_i + b) \geqslant 1-\xi_i \tag{5.3}$$

$$\xi_i \geqslant 0, i=1,2,\cdots,l$$

在 n 维空间中，分类界面 $w \cdot x+b=0$，2 类样本间隔距离 $Margin=\frac{2}{\|w\|}$为最大时，最优分类平面可表达为：

$$f(x)=sign(\sum_{i=1}^{l} a_i y_i (x_i \cdot x)+b) \tag{5.4}$$

公式（5.4）中对应$a_i \neq 0$ 的样本称为支持向量。

为了解决非线性分类的问题，可以利用一些非线性特征转换将原始输入的样本信息映射到另一个高维特征空间中去，然后在新空间中找到最优分类面，目标函数为：

$$\min\varphi(w,\xi) = \frac{1}{2}\|w\|^2 + C\sum_{i=1}^{l}\xi_i \tag{5.5}$$

$$s.t.\ y_i[w \cdot x+b]-1+\xi_i \geqslant 0\ i=1,2,\cdots,n$$

$$\xi_i \geqslant 0, i=1,2,\cdots,n$$

式中空间变化函数以 $\varphi(x)$ 表示，ξ_i是松弛因子，C 是惩罚系数。

分类问题的形式往往不一致，因此需要构造和使用的核函数也有不同的形式，在最优分类面公式中，如果引入核函数，则可转化为：

$$f(x)=sign(\sum_{i=1}^{l}a_i y_i K(x_i \cdot x)+b) \tag{5.6}$$

核函数明确后，由于核函数的已知数据已经建立，会有相应的误差，考虑到该方法的通用性，引入了惩罚系数和松弛系数 2 个参数，对分类结果进行校正。

二、随机森林（RF）法

随机森林（RF）分类器是一种基于大量回归树的非参数集成分类方法，该分类器在农作物分类研究中得到了广泛的应用。RF 具有处理大量数据的优势，使用分类变量作为预测器，预测变量在最终模型中的重要性，输出分类概率，即使是轻微不平衡的数据集也能抗过拟合（Breiman，2001）。随机森林模型整合了多棵决策树，是一种较为实用的集成学习方法，随机森林模型有 2 个重要参数，分别是决策树棵数以及分裂结点个数。随机森林是利用多棵决策树对数据进行训练、分类和预测的方法。随机森林算法通过利用多个分类器进行投票分类，可以有效减少单个分类器的误差，提升分类准确度。随机森林算法具有较高的稳定性，并且能够进行大规模数据的高效处理。但当随机森林中的决策树数量较多时，训练时所需要的空间和时间将会大大提升，并且随机森林算法在某些噪声较大的分类或回归上问题上会出现过拟合的情况。

随机森林是由多个决策树构成，其中每一棵决策树之间是没有关联的。采用基尼指数对分类过程中每棵决策树的每一个节点进行纯度判断并进行最优属性划分，最终使得每个节点样本尽可能属于同一类别，随着划分过程的不断进行，结点的类别纯度越高。用随机森林进行特征重要性评估的思想其实是明确每个特征在随机森林中的每棵树上重要性得分，然后取平均值比较特征之间贡献大小。本研究随机森林决策树数量 ntree 设置为 100，节点分裂 ntry 设置为特征变量为输入特征数的平方根。

三、最大似然（MLC）法

最大似然分类（Maximumlikelihood Classification，MLC）是在 2 类或多类判决中，用统计方法根据最大似然比贝叶斯判决准则法建立非线性判别函数集，假定各类分布函数为正态分布，并选择训练区，计算待分类区域的归属概率，而进行分类的图像分类方法。

在传统的遥感图像分类中，最大似然法的应用比较广泛。该方法通过对感兴区域的统计和计算，得到各个类别的均值和方差等参数，从而确定分类函数，然后将待分类图像中的每个像元代入各个类别的分类函数，将函数返回值最大的类别作为被扫描像元的归属类别，从而达到分类的效果。MLC 算法具有清晰的参数解释能力、易于与先验知识融合和算法简单而易于实施等优点。分类时间延迟，分类时间随着波段信息的增加成二次方的增长。对训练样本要求高，训练样本必须超过波段数，以方便估计光谱均值向量和协方差矩阵参数。最大似然分类在 ENVI 5.3 软件中实现，参数设置包括似然度阈值和数据比例系数，本研究似然度阈值设置为 None，数据比例系数设置为 255。

第二节　农作物分类精度评价

为了比较高光谱遥感农作物分类中支持向量机（SVM）、随机森林（RF）、最大似然（MLC）3 种分类器的分类精度，优选出适合地形复杂地区农作物分类的分类算法。本研究通过野外实地调查获取的验证数据，采用建立混淆矩阵的方法，选择总体分类精度、Kappa系数、制图精度和用户精度对高光谱图像农作物分类精度进行精度评价。

第三节　不同算法下的农作物高光谱遥感分类精度比较

以特征选择之后的高光谱图像为数据源，采用支持向量机（SVM）、随机森林（RF）、最大似然（MLC）分类器对研究区进行农作物分类研究。利用验证数据对3种分类结果进行精度评价，结果如表5.1所示。3种分类器对应的高光谱图像农作物分类结果如图5.2所示。

表5.1　不同分类算法下的高光谱图像农作物分类精度对比

类别	SVM		RF		MLC	
	制图精度/%	用户精度/%	制图精度/%	用户精度/%	制图精度/%	用户精度/%
红薯	94.88	95.60	84.31	63.81	85.95	99.00
葡萄	91.42	78.03	80.80	98.44	79.43	89.68
栾树	86.66	94.00	70.33	47.19	73.03	85.46
玉米	84.31	84.05	92.23	55.43	77.67	38.24
花生	87.08	94.92	66.93	74.4	16.26	37.00
桑树	91.66	50.94	78.98	93.8	80.78	82.67
大棚	95.65	76.29	87.61	81.67	69.01	75.61
桃树	78.72	85.67	88.64	87.51	88.48	97.93
其他蔬菜	82.81	100.00	3.33	10.88	17.67	16.60

续表

类别	SVM		RF		MLC	
	制图精度/%	用户精度/%	制图精度/%	用户精度/%	制图精度/%	用户精度/%
白菜	71.35	100.00	53.48	100	49.27	74.15
建筑	97.39	99.07	98.05	99.66	98.94	98.16
总体分类精度/%	92.29		84.40		80.52	
Kappa 系数	0.85		0.81		0.77	

由表 5.1 可以得到多光谱数据采用 SVM 分类器总体分类精度为 92.29 %，Kappa 系数为 0.85，RF 分类器总体分类精度为 84.40 %，Kappa 系数为 0.81，MLC 分类器总体分类精度为 80.52 %，Kappa 系数为 0.77。由此可以得到采用 SVM 分类器的总体分类精度和 Kappa 系数均最高，原因可能是 SVM 分类器更适合于小样本情况下分类，并且在不平衡分类性能上优于 RF 分类器，RF 分类出现了过拟合问题。采用 SVM 分类器红薯、葡萄、桑树、大棚、建筑的制图精度优于90 %，其他 6 种农作物的制图精度和用户精度均优于 70 %。采用 RF 分类器进行研究区农作物分类时，玉米和建筑 2 种地物制图精度优于90 %，红薯、葡萄、大棚、桃树的制图精度和用户精度均优于 80 %，其他蔬菜和白菜的制图精度则相对较低，原因可能是其他蔬菜和白菜存在严重错分情况，可以考虑将这 2 种农作物类型归为一类。采用 MLC 分类器时，红薯、桑树、桃树、建筑的制图精度和用户精度优于 80 %，花生、其他蔬菜、白菜的制图精度较低，影响了总体分类精度。由以上可以得到，基于高光谱图像进行农作物分类时，无论采用哪种分类器建筑和大棚 2 种非植被地物类型均能取得较好的分类精度。在农作物分类中农作物制图精度优于 80 %的包括，SVM 分类器能较好地区分出红薯、葡萄、栾树、玉米、花生、桑树、

其他蔬菜7种农作物，RF分类器能较好地区分红薯、葡萄、玉米、桃树4种农作物，MLC分类器能较好地区分出红薯、桑树、桃树3种农作物。

由图5.2可以看出SVM分类结果和RF分类结果总体上分类效果较好，但MLC分类器则明显看出分类结果存在过于破碎的问题，原因可能是研究区内类别较多，样本是随机选取的，有的样本不具有代表性，导致了分类结果偏离了实际情况。

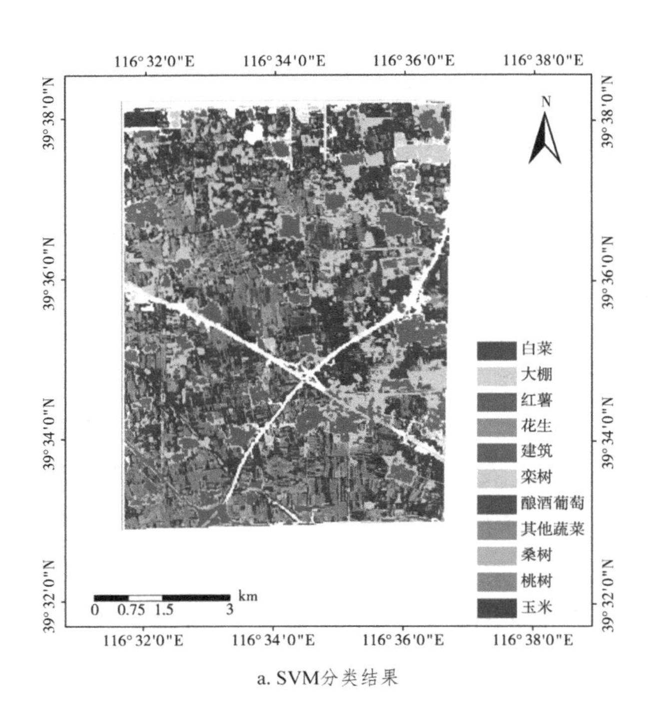

a. SVM分类结果

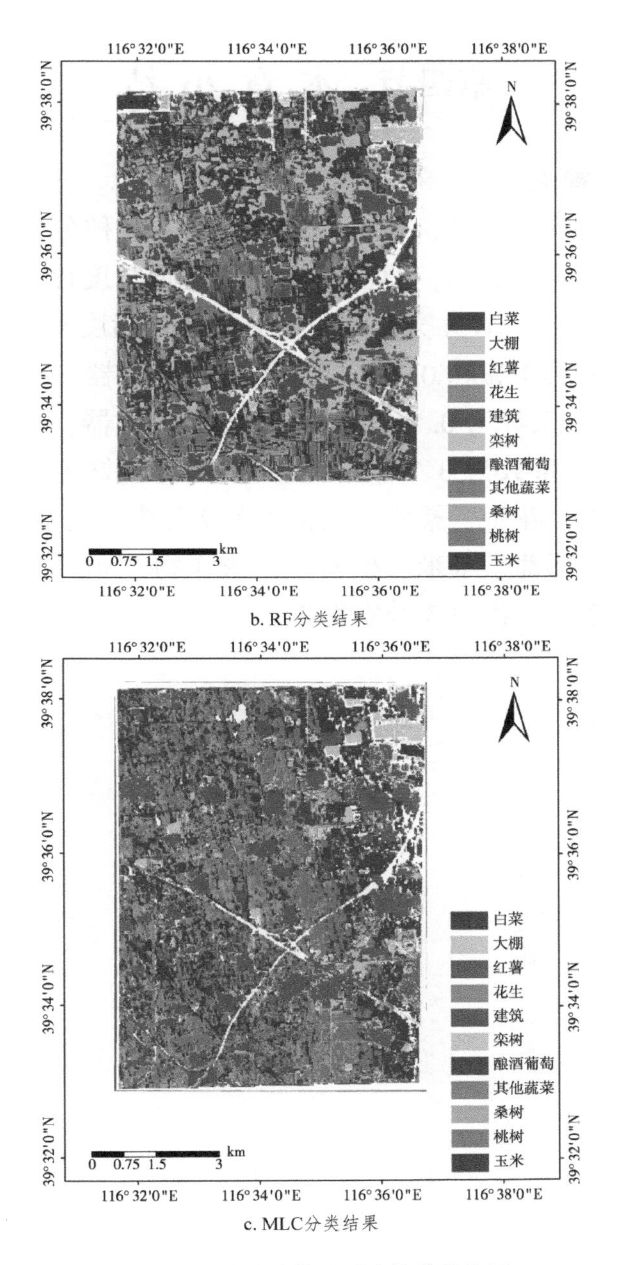

b. RF分类结果

c. MLC分类结果

图 5.2　3 种分类算法对应的分类结果

第四节　本 章 小 结

以特征选择之后的高光谱图像为数据源，采用支持向量机（SVM）、随机森林（RF）、最大似然（MLC）3 种分类器，通过野外实地调查获取的验证数据，建立混淆矩阵进行精度评价。高光谱遥感农作物精细分类采用 SVM 分类器时，总体分类精度和 Kappa 系数是最高的，最高为 92.29 %和 0.85；其次是 RF 分类器，总体分类精度为 84.40 %，Kappa 系数为 0.81；最后是 MLC 分类器，总体分类精度为 80.52 %，Kappa 系数为 0.77。SVM 分类器能较好地区分出红薯、葡萄、栾树、玉米、花生、桑树、其他蔬菜 7 种农作物，RF 分类器能较好地区分红薯、葡萄、玉米、桃树 4 种农作物，MLC 分类器能较好地区分出红薯、桑树、桃树 3 种农作物。

第六章　不同遥感数据源的农作物分类精度评价

在多光谱遥感农作物分类研究中，多光谱图像空间分辨率高，农作物分类过程较为简单，但多光谱图像光谱分辨率较低，一般包含几个波段。在高光谱遥感农作物分类研究中，高光谱图像光谱分辨率高，可以有效识别农作物间微小的光谱差异。但卫星高光谱图像的空间分辨率较低，虽然图像融合可以提高高光谱图像的空间分辨率，但同时会损失一些光谱信息。高光谱、多光谱图像在农作物分类研究中各自存在优缺点，因此，在同等条件下哪种数据更适合复杂地区农作物分类研究还没有进行定量比较。本研究分别以特征选择后高光谱图像和多光谱图像为数据源，采用 SVM 分类器比较 2 种数据的农作物分类精度，旨在为农作物分类选择数据源提供参考。

第一节　高光谱遥感的农作物分类

本章以特征选择后的 GF-5 高光谱图像作为数据源，采用 SVM 分类器对研究区农作物进行分类，通过验证数据建立混淆矩阵选取总体分类精度、Kappa 系数、制图精度、用户精度对分类结果进行精度评价。

一、样 本 数 据

高光谱图像农作物分类使用的样本数据在第二章第二节进行了详

细介绍。

二、分 类 特 征

高光谱图像农作物分类特征使用的类内类间优选出的 20 个特征，特征序号为 59、61、67、74、79、80、89、93、98、102、107、114、119、123、130、134、137、144、168、169，分别是 EVI、7 波段形态学闭运算特征、145 波段形态学闭运算特征、145 波段形态学开运算特征、146 波段形态学闭运算特征、5 波段形态学闭运算特征、145 波段形态学膨胀特征、5 波段形态学腐蚀特征、146 波段形态学膨胀特征、129 波段形态学闭运算特征、145 波段形态学腐蚀特征、5 波段形态学开运算特征、NDVI、7 波段形态学开运算特征、134 波段形态学闭运算特征、138 波段形态学闭运算特征、146 波段形态学开运算特征、124 波段形态学闭运算特征、7 波段形态学腐蚀特征、134 波段形态学膨胀特征。

三、分 类 算 法

选取机器学习中的支持向量机（SVM）分类算法对研究区进行高光谱遥感农作物分类研究。SVM 分类器在 ENVI 5.3 软件中实现，其中 2 个关键参数是核函数的宽度和正则化的强度，以此控制支持向量机的行为。使用的核函数径向基核函数，最优参数通过训练样本得到，不需要设置参数。

第二节　多光谱遥感的农作物分类

将 GF-1 PMS 多光谱图像作为数据源，首先对多光谱图像和全色图像采用 Gram-Schmidt 方法进行图像融合，将多光谱图像的空间分辨率提高至 2 m；然后采用 SVM 分类器对研究区农作物进行分类，通过验证数据建立混淆矩阵选取总体分类精度、Kappa 系数、制图精度、用户精度对分类结果进行精度评价。

一、样 本 数 据

多光谱图像农作物分类使用的样本数据与高光谱图像农作物分类的样本数据完全一致，在第二章第二节进行了详细的介绍。

二、分类特征提取

GF-1 PMS 图像包括了 4 个波段，为了和高光谱图像分类特征尽量保持同等条件，本研究首先将多光谱图像和全色图像进行 GS 融合，空间分辨率提高至 2 m，然后计算融合后多光谱图像的 NDVI、EVI 以及 4 个波段对应的形态学开运算、闭运算、腐蚀、膨胀特征共 18 个特征，最后采用 SVM 分类器对研究区内农作物进行分类。

三、分 类 算 法

选取机器学习中的支持向量机（SVM）分类算法对研究区进行多光谱遥感农作物分类研究。SVM 分类器在 ENVI 5.3 软件中实现，其中 2 个关键参数是核函数的宽度和正则化的强度，以此控制支持向量机的行为。使用的核函数径向基核函数，最优参数通过训练样本得到，不需要设置参数。

第三节　农作物分类精度评价

为了比较高光谱图像、多光谱图像农作物分类的分类精度，优选出适合地形复杂地区农作物分类的数据源。通过野外实地调查获取的验证数据，采用建立混淆矩阵的方法，选择总体分类精度、Kappa 系数、制图精度和用户精度对高光谱图像农作物分类精度进行精度评价。

第四节 不同遥感数据源的农作物分类精度比较

通过混淆矩阵对分类结果进行精度评价，多光谱、高光谱图像农作物分类的混淆矩阵结果分别如表 6.1 和表 6.2 所示，多光谱、高光谱图像支持向量机分类结果如图 6.1 和图 5.2a 所示。

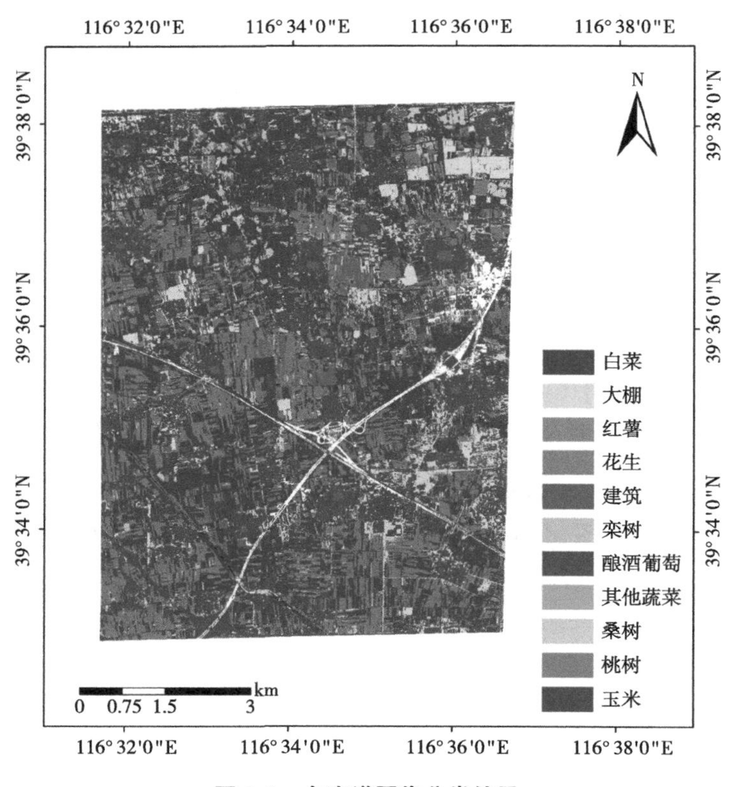

图 6.1 多光谱图像分类结果

由表 6.1 可以得到多光谱图像采用 SVM 分类器总体分类精度为 72.57 %，Kappa 系数为 0.57。由此可以得到采用 SVM 分类器的总体分类精度和 Kappa 系数最高。采用 SVM 分类器 11 种地物中建筑的制图精度最高为 97.06 %，玉米、大棚、红薯的制图精度优于 80 %，分别是 81.04 %、86.73 %、83.02 %，桃树的制图精度为 58.97 %，桑树和桃树的精度较低，葡萄、栾树、其他蔬菜、白菜的制图精度和用户精度均为 0。该结果表明了基于多光谱图像对研究区进行农作物分类时，SVM 分类器未识别出葡萄、栾树、其他蔬菜、白菜 4 种农作物，但能较好的识别出红薯和玉米。栾树、花生、葡萄、白菜、其他蔬菜的制图精度和用户精度为 0。

表 6.1　多光谱图像农作物分类混淆矩阵

类别	玉米	桃树	桑树	栾树	大棚	红薯	花生	建筑	葡萄	白菜	其他蔬菜	用户精度/%
玉米	1 171	375	218	471	410	55	254	189	199	32	91	33.79
桃树	79	719	567	389	68	236	310	18	172	152	119	25.42
桑树	0	0	65	0	0	0	5	18	0	0	6	69.15
栾树	0	0	0	0	0	0	0	0	0	0	0	0
大棚	110	0	0	0	5 812	36	56	517	0	8	40	88.34
红薯	0	125	76	0	137	1 600	117	0	0	0	114	73.77
花生	0	0	0	0	273	0	0	0	0	0	0	0
建筑	85	0	175	45	0	0	66	24 472	0	56	63	98.04
葡萄	0	0	0	0	0	0	0	0	0	0	0	0
白菜	0	0	0	0	0	0	0	0	0	0	0	0
其他蔬菜	0	0	0	0	0	0	0	0	0	0	0	0
制图精度/%	81.04	58.98	5.90	0	86.75	83.16	0	97.06	0	0	0	
总体分类精度/%						72.57						
Kappa 系数						0.57						

由表 6.2 可以得到高光谱图像农作物总体分类精度为 92.29 %，Kappa 系数为 0.85，11 种地物的制图精度均优于 70 %。其中非植被类

型大棚和建筑制图精度分别为95.65 %和97.39 %，表明高光谱数据对非植被类型较容易区分。对于3种果树来说，制图精度均优于75 %，桑树的识别精度最高，为91.66 %，桃树的制图精度最低，为78.72 %。对于其他6种农作物来说，红薯的制图精度最高，为94.88 %，这表明了高光谱图像对红薯的识别能力较强。白菜的制图精度最低，为71.35 %，原因可能是研究区内白菜种植面积相对来说较少，因此可以考虑将白菜与其他蔬菜合并为1类。建筑与大棚和玉米存在错分，错分率分别为1.2 %和1.4 %，错分率较低。9种农作物中桃树和白菜制图精度相对来说较低，分别为78.72 %和71.35 %，桃树与玉米和桑树错分率较高，白菜则与玉米和桑树错分率较高。其余的几种农作物制图精度均优于80 %，说明了高光谱数据在研究区农作物分类研究中，总体上能较好地区分农作物类型。

表6.2　高光谱图像农作物分类混淆矩阵

类别	玉米	桃树	桑树	栾树	大棚	红薯	花生	建筑	葡萄	白菜	其他蔬菜	用户精度/%
玉米	1 218	111	51	52	273	34	20	298	5	21	32	84.05
桃树	34	960	5	19	0	50	6	0	4	0	4	85.67
桑树	90	120	1 010	31	13	15	72	0	20	50	4	50.94
栾树	23	5	31	783	0	0	0	0	0	0	0	94.00
大棚	3	0	0	0	6 410	0	0	361	0	0	0	76.29
红薯	6	4	0	0	0	1 828	6	0	0	0	19	95.6
花生	2	0	0	0	0	24	704	0	4	0	16	94.92
建筑	30	0	0	7	0	0	0	24 555	0	0	0	99.07
葡萄	44	9	5	11	6	0	0	0	339	0	0	78.03
白菜	0	0	0	0	0	0	0	0	0	177	0	100.00
其他蔬菜	0	0	0	0	0	0	0	0	0	0	358	100.00

续表

类别	玉米	桃树	桑树	栾树	大棚	红薯	花生	建筑	葡萄	白菜	其他蔬菜	用户精度/%
制图精度/%	84.31	78.72	91.66	86.66	95.65	94.88	87.08	97.39	91.42	71.35	82.81	
总体分类精度/%	92.29											
Kappa 系数	0.85											

比较高光谱和多光谱数据农作物分类精度，高光谱图像总体分类精度比多光谱图像高 19.72 个百分点。高光谱图像能够较好地识别研究区内的 9 种地物，制图精度大多数优于80 %，而多光谱图像在研究区农作物分类上，仅识别出 4 种农作物，并且每种农作物的制图精度均低于高光谱图像的制图精度。高光谱图像相较于多光谱图像农作物制图精度，玉米制图精度提高 3.30 个百分点、桃树制图精度提高 19.75 个百分点、桑树制图精度提高 85.72 个百分点、红薯制图精度提高 11.86 个百分点。

比较图 6.1 和图 5.2a，由分类图可以看出高光谱图像分类结果明显比多光谱图像分类结果识别出的农作物类型多。从多光谱图像分类结果中，多光谱图像识别出了大棚、建筑、玉米、桃树、红薯、桑树，而高光谱图像分类结果中，11 种地物类型均被识别出来。

第五节　本 章 小 结

本研究分别以特征选择后高光谱图像和多光谱图像为数据源，采用 SVM 分类器比较 2 种数据的农作物分类精度，通过野外实地调查获取的验证数据，采用建立混淆矩阵的方法，选择总体分类精度、Kappa 系数、制图精度和用户精度对高光谱图像农作物分类精度进行精度评价。高光谱图像总体分类精度比多光谱图像高 19.72 个百分点。高光谱图像能够较好地识别研究区内的 9 种农作物，制图精度大多数优于80 %，而多光谱图像在研究区农作物分类上，仅识别出 4 种农作物，并且每种农作物的制图精度均低于高光谱图像的制图精度。

第七章　结论与展望

第一节　结　　论

高光谱数据凭借光谱分辨率高，可以更为全面、细致地获取农作物光谱特征及其差异性等优点，为农作物类型识别提供新的技术手段。目前卫星高光谱图像农作物分类方面仍存在着空间分辨率低、维数高、数据冗余量大、波段间相关性强、数据处理工作量大等问题。

针对当前研究不足，本研究主要进行了以下几个方面的工作。

介绍了高光谱图像融合的背景及意义，通过比较 GS 变换、IHS 变换、PCA 变换、Brovey 变换、谐波分析、改进 PCA 变换 6 种图像融合方法，选择标准差（STD）、光谱角（SAM）、全局相对误差（ERGAS）、结构相似度（SSIM）来评价融合图像的质量。结果表明从视觉分析上来看 PCA 变换、谐波分析、GS、改进 PCA 变换实现了保持光谱信息的同时，提高了空间分辨率，其中改进 PCA 变换图像融合结果光谱畸变程度最低。定量评价结果与视觉分析较为一致。在图像信息量方面，IHS 变换图像融合标准差最大，改进 PCA 变换图像融合次之。在光谱信息保持方面，改进 PCA 变换图像融合 SAM 最小为 0.95，GS 融合方法次之为 1.20，反映出改进 PCA 变换、GS 融合两种方法的光谱畸变较小。总的来说，与其他方法相比，改进 PCA 变换图像融合方法能够提供令人满意的结果。

对原始光谱曲线及数学变换后光谱曲线（如对数变换、倒数变换、一阶微分变换、包络线去除）进行分析，可以得到研究区内各种农作物间的光谱差异、特征波段光谱区间，对高光谱图像数据进行波段初选。结果表明光谱曲线在原始光谱、倒数光谱、对数光谱上，差异较大，在一阶微分光谱和包络线去除光谱上，9 种农作物的光谱曲线差异较小。存在光谱差异的波段区间为 400 ~ 490 nm、540 ~ 650 nm、750~1 030 nm，对应 GF-5 高光谱图像中的波段序号为 4 ~ 24 波段、36~61 波段、86~150 波段，共 112 个波段，后面的图像融合、数据降维均基于 112 个波段进行。波段选择采用了聚类排序、稀疏表示、改进萤火虫 3 种波段选择方法，通过计算波段子集的平均信息熵（AIE）、平均相关系数（ACC）、J-M 距离、总体分类精度（OA）来评价 3 种波段选择方法的优劣程度。结果表明改进萤火虫算法波段子集的 AIE 最高，ACC 最低，说明波段信息量最大、相关性最小，总体分类精度 OA 最高。

特征提取构建了包括 211 个特征的集合。特征优选采用了随机森林、嵌入式 L_1 正则化、类内类间距离 3 种特征选择方法，通过混淆矩阵获得 3 种特征选择方法的总体分类精度、Kappa 系数、各类农作物的制图精度和用户精度，分析以上 4 种指标评价 3 种特征选择方法的优劣程度，最终获取 1 套最优的卫星高光谱数据降维方法。结果表明，基于类内类间距离特征选择总体分类精度最高为 92. 29 %，Kappa 系数为 0. 85，与其他 2 种方法相比总体分类精度分别增加了 5. 08 个百分点和 7. 52 个百分点。类内类间距离法中红薯、栾树、玉米、桑树、大棚、桃树、其他蔬菜制图精度均为最高，分别是 96. 89 %、94. 01 %、91. 45 %、75. 16 %、88. 75 %、87. 80 %、84. 94 %。这说明基于类内类间距离选择的特征地物识别能力最强，其次是嵌入式 L_1 正则化选择的特征，最后是随机森林选择的特征。

比较高光谱和多光谱数据农作物分类精度，高光谱图像总体分类精度比多光谱图像高 19. 72 个百分点。高光谱图像能够较好地识别研究区内的 9 种农作物，制图精度大多数优于 80 %，而多光谱图像在研究区农作物分类上，仅识别出 4 种农作物，并且每种农作物的制图精度均低于高光谱图像的制图精度。高光谱图像相较于多光谱图像农作物制图精度，玉米制图精度提高 3. 30 个百分点、桃树制图精度提高 19. 75 个百分点、桑树制图精度提高 85. 72 个百分点、红薯制图精度提高 11. 86 个百分点。

第二节　展　　望

本研究仍存在一定不足，需要在今后的工作中进行改进和完善。

本研究高光谱遥感农作物分类算法选择的是比较常见的机器学习算法和基于统计特征的分类算法，下一步要尝试使用深度学习、多分类器集成等较新的算法进行高光谱遥感农作精细分类研究。

高光谱图像融合方面比较了 6 种融合方法的优劣程度，选择了适合卫星高光谱数据融合的方法，但是融合对象仅考虑了 GF-1 全色影像，没有考虑不同分辨率全色影像或者是多光谱图像对图像融合的影响，下一步将 GF-5 高光谱数据与不同分辨率的全色影像进行融合，并评价融合影像的质量。

本研究最终选取了一套适合廊坊市高光谱农作物分类流程，包括图像融合、数据降维，但是这套方法的普适性还未进行研究。

参 考 文 献

白璘，惠萌，2015. 基于改进最小噪声分离变换的特征提取与分类[J]. 计算机工程与科学，37（7）：1344-1348.

蔡悦，苏红军，李茜楠，2015. 萤火虫算法优化的高光谱遥感影像极限学习机分类方法[J]. 地球信息科学学报，17（8）：986-994.

陈水森，柳钦火，陈良富，等，2005. 粮食作物播种面积遥感监测研究进展[J]. 农业工程学报，21（6）：166-171.

陈仲新，任建强，唐华俊，等，2016. 农业遥感研究应用进展与展望[J]. 遥感学报，20（5）：748-767.

崔宾阁，马秀丹，谢小云，2017. 小样本的高光谱图像降噪与分类[J]. 遥感学报，21（5）：728-738.

杜培军，夏俊士，薛朝辉，等，2016. 高光谱遥感影像分类研究进展[J]. 遥感学报，20（2）：236-256.

樊利恒，吕俊伟，邓江生，2014. 基于分类器集成的高光谱遥感图像分类方法[J]. 光学学报，34（9）：1-11.

葛亮，王斌，张立明，2012. 基于波段聚类的高光谱图像波段选择[J]. 计算机辅助设计与图形学学报，24（11）：1447-1454.

郭辉，杨可明，张文文，等，2017. 小波包信息熵特征矢量光谱角高光谱影像分类[J]. 中国图象图形学报，22（2）：205-211.

韩超，2015. 基于稀疏表示和低秩表示的高光谱图像波段选择方法研究[D]. 西安：西安电子科技大学.

韩潇，彭力，2014. 基于改进拉普拉斯金字塔的图像融合方法［J］. 自动化与仪器仪表（5）：191-194.
韩彦岭，高仪，王静，等，2020. 结合未标签样本和 CNN 的高光谱遥感图像分类［J］. 遥感信息，35（5）：19-30.
贺原惠子，王长林，贾慧聪，等，2018. 基于随机森林算法的冬小麦提取研究［J］. 遥感技术与应用，33（6）：1132-1140.
胡琼，吴文斌，宋茜，等，2015. 农作物种植结构遥感提取研究进展［J］. 中国农业科学，48（10）：1900-1914.
贾坤，李强子，2013. 农作物遥感分类特征变量选择研究现状与展望［J］. 资源科学，35（12）：2507-2516.
李存军，刘良云，王纪华，等，2004. 两种高保真遥感影像融合方法比较［J］. 中国图象图形学报（11）：106-115.
李丹，陈水森，陈修治，2010. 高光谱遥感数据植被信息提取方法［J］. 农业工程学报，26（7）：181-185.
李芳芳，2011. 基于 NSCT 和图像融合的中间视点合成算法研究［D］. 广州：华南理工大学.
林志垒，张贵成，2020. 基于改进 Brovey 变换的 ALI 影像融合算法研究［J］. 遥感技术与应用，35（4）：893-900.
刘川，齐修东，臧文乾，等，2018. 基于 IHS 变换的 Gram-Schmidt 改进融合算法研究［J］. 测绘工程，27（11）：12-17.
刘春红，赵春晖，张凌雁，2005. 一种新的高光谱遥感图像降维方法［J］. 中国图象图形学报，10（2）：218-222.
刘亮，姜小光，李显彬，等，2006. 利用高光谱遥感数据进行农作物分类方法研究［J］. 中国科学院研究生院学报（4）：484-488.
罗政，2018. 基于 HJ-1A 高光谱遥感影像植被类型识别——以格尔木市为例［D］. 北京：中国地质大学.
马丽，徐新刚，贾建华，等，2008. 利用多时相 TM 影像进行作物分类方法[J]. 农业工程学报，24（S2）：191-195.
牟多铎，2019. 基于机器学习方法的高光谱数据分类对比研究[D]. 西安：长安大学.
倪国强，沈渊婷，徐大琦，2007. 一种基于小波 PCA 的高光谱图像特征提取新方法[J]. 北京理工大学学报，27（7）：621-624.
普拉萨德，约翰，阿尔弗雷德，2015. 高光谱植被遥感[M]. 刘海启，李召良译. 北京：中国农业科学技术出版社.
史飞飞，高小红，杨灵玉，等，2017. 基于 HJ-1A 高光谱遥感数据的湟水流域典型农作物分类研究[J]. 遥感技术与应用，32（2）：206-217.
苏红军，杜培军，盛业华，2008. 高光谱遥感数据光谱特征提取算法与分类研究[J]. 计算机应用研究，25（2）：390-394.
苏红军，刘浩，2017. 一种利用空间和光谱信息的高光谱遥感多分类器动态集成算法[J]. 国土资源遥感，29（2）：15-21.
孙伟伟，张殿发，杨刚，等，2018. 加权概率原型分析的高光谱影像波段选择[J]. 遥感学报，22（1）：110-118.
童庆禧，张兵，张立福，2016. 中国高光谱遥感的前沿进展[J]. 遥感学报，20（5）：689-707.
童庆禧，张兵，郑兰芬，2006. 高光谱遥感：原理、技术与应用[M]. 北京：高等教育出版社.
王迪，周清波，陈仲新，等，2014. 基于合成孔径达的农作物识别研究进展[J]. 农业工程学报，30（16）：203-212.
王棠，吴见，2015. 农作物种类高光谱遥感识别研究[J]. 地理与地理信息科学，31（2）：29-33.
王俊淑，江南，张国明，等，2015. 融合光谱—空间信息的高光谱遥感影像增量分类算法[J]. 测绘学报，44（9）：1003-1013.
王立国，赵亮，刘丹凤，2015. 基于人工蜂群算法高光谱图像波段选择[J]. 哈尔滨工业大学学报，47（11）：82-88.
王娜，李强子，杜鑫，2017. 单变量特征选择的苏北地区主要农作物遥感识别[J]. 遥感学报，21（4）：519-530.
危傲，2015. 基于 SVM 算法的分类器设计[J]. 电子科技，28（4）：23-26.
魏宇，2018. 基于 HJ1A-HSI 高光谱遥感影像的果园识别研究[D]. 泰安：山东农业大学.
吴见，彭道黎，2012. 基于空间信息的高光谱遥感植被分类技术[J]. 农业工程学报，28（5）：150-153.
夏道平，付元元，王纪华，等，2016. 分散矩阵特征选择方法改进及在高光谱影像植被分类中的应用[J]. 农业工程学报，32（21）：196-201.
杨可明，刘飞，孙阳阳，等，2015. 谐波分析光谱角制图高光谱影像分类[J]. 中国图象图形学报，20（6）：836-844.
杨可明，张涛，王立博，2014. 高光谱影像的谐波分析融合算法研究[J]. 中国矿业大学学报，43（3）：547-553.
杨思睿，薛朝辉，张玲，等，2018. 高光谱与 LiDAR 数据融合研究——以黑河中游张掖绿洲农业区精细作物分类为例[J]. 国土资源遥感，30（4）：33-40.
杨闫君，占玉林，田庆久，等，2015. 基于 GF-1/WFVNDVI 时间序列数据的作物分类[J]. 农业工程学报，31（24）：155-161.
于成龙，2019. 基于高光谱数据的主要农作物类型信息提取[J]. 东北农业科学，44（3）：45-51.
余铭，魏立飞，尹峰，2018. 基于条件随机场的高光谱遥感影像农作物精细分类[J]. 中国农业信息，30（3）：74-82.
张春森，郑艺惟，黄小兵，等，2015. 高光谱影像光谱—空间多特征加权概率融合分类[J]. 测绘学报，44（8）：909-918.

张丰，熊桢，寇宁，2002. 高光谱遥感数据用于水稻精细分类研究[J]. 武汉理工大学学报，24（10）：36-39.

张黎宁，2006. 基于像素层的 SPOT5 全色与多光谱影像融合研究[D]. 南京：南京林业大学.

张良培，李家艺，2016. 高光谱图像稀疏信息处理综述与展望[J]. 遥感学报，20（5）：1091-1101.

张晓，薛月菊，涂淑琴，等，2016. 基于结构组稀疏表示的遥感图像融合[J]. 中国图象图形学报，21（8）：1106-1118.

张悦，官云兰，2018. 聚类与自适应波段选择结合的高光谱图像降维[J]. 遥感信息，33（2）：66-70.

周延刚，2015. 遥感原理与应用[M]. 北京：科学出版社

ANEECE I，THENKABAIL P，2018. Accuracies Achieved in Classifying Five Leading World Crop Types and Their Growth Stages Using Optimal Earth Observing-1 Hyperion Hyperspectral Narrowbands on Google Earth Engine[J]. Remote sensing，10（12）：1-29.

BAJCSY P，GROVES P，2004. Methodology for Hyperspectral Band Selection[J]. Photogrammetric engineering and remote sensing，70（7）：793-802.

BANDOS T V，BRUZZONE L，CAMPS-VALLS G，2009. Classification of Hyperspectral Images with Regularized Linear Discriminant Analysis[J]. IEEE transactions on geoscience and remote sensing，47（3）：862-873.

BHOJARAJA B E，HEGDE G，2015. Mapping Agewise Discrimination of Arecanut Crop Water Requirement Using Hyperspectral Remote Sensing[J]. International conference on water resources，coastal and ocean engineering，4：1437-1444.

CEAMANOS X，WASKE B，BENEDIKTSSON J A，2010. A Classifier

Ensemble Based on Fusion of Support Vector Machines for Classifying Hyperspectral Data[J]. International journal of image and data fusion, 1 (4): 293-307.

CHACVEZ P S, BERLIN G L, SOWERS L B, 1982. Statistical Method for Selecting Landsat MSS Retio[J]. Journal of applied photographic engineering, 1 (8): 23-30.

CHAN J C W, PAELINCKX D, 2008. Evaluation of Random Forest and Adaboost Tree-Based Ensemble Classification and Spectral Band Selection for Ecotope Mapping Using Airborne Hyperspectral Imagery [J]. Remote sensing of environment, 112 (6): 2999-3011.

CHEN C, L W, SU H J, et al., 2014. Spectral-Spatial Classification of Hyperspectral Image Based on Kernel Extreme Learning Machine [J]. Remote sensing (6): 5795-5814.

CHEN F R, QIN F, PENG G X, et al., 2012. Fusion of Remote Sensing Images Using Improved ICA Mergers Based on Wavelet Decomposition[J]. Procedia engineering, 29: 2938-2943.

CHEN J K, XIA J S, DU P J, et al., 2016. Kernel Supervised Ensemble Classifier for the Classification of Hyperspectral Data Using Few Labeled Samples[J]. Remote sensing, 8 (7): 2-20.

CHEN Z, PU H Y, WANG B, et al., 2014. Fusion of Hyperspectral and Multispectral Images: A Novel Framework Based on Generalization of Pan-Sharpening Methods [J]. IEEE geoscience and remote sensing letters, 11 (8): 1418-1422.

DU P J, TAN K, XING X S, 2012. A Novel Binary Tree Support Vector Machine for Hyperspectral Remote Sensing Image Classification [J]. Optics communications, 285 (13): 3054-3060.

GALVÃO L S, FORMAGGIO A R, TISOT D. A, 2005. Discrimination of

Sugarcane Varieties in Southeastern Brazil with Eo-1 Hyperion Data [J]. Remote sensing of environment, 94 (4): 523-534.

GAO H, WANG C C, WANG G Y, et al., 2018. A Crop Classification Method Integrating GF-3 Polsar and Sentinel-2A Optical Data in The Dongting Lake Basin[J]. Sensors, 18 (9): 3139-3158.

GHOSH A, SHARMA R, JOSHI P K, 2014. Random Forest Classification of Urban Landscape Using Landsat Archive and Ancillary Data: Combining Seasonal Maps With Decision Level Fusion [J]. Applied geography, 48 (2): 31-41.

GOMEZ R, KAFATOS M, 2001. Wavelet-Based Hyperspectral and Multispectral Image Fusion [J]. Proceedings of SPIE, 4383: 36-42.

GONZALEZ-AUDICANA M, SALETA J L, CATALAN R G, et al., 2004. Fusion of Multispectral and Panchromatic Images Using Improved IHS and PCA Mergers Based on Wavelet Decomposition [J]. IEEE transactions on geoscience and remote sensing, 42 (6): 1291-1299.

GOOD R P, KOST D, CHERRY G A, 2010. Introducing A Unified PCA Algorithm for Model Size Reduction [J]. IEEE transactions on semiconductor manufacturing, 23 (2): 201-209.

GUERRA R, LÓPEZ S, SARMIENTO R, 2016. A Computationally Efficient Algorithm for Fusing Multispectral and Hyperspectral Images[J]. IEEE transactions on geoscience and remote sensing, 54 (10): 5712-5728.

HAO M, ZHOU M C, CAI L P, 2021. An Improved Graph-Cut-Based Unsupervised Change Detection Method for Multispectral Remote-Sensing Images[J]. International journal of remote sensing, 42

(11): 4005-4022.

HARIHARAN K, RAAJAN N R, 2018. Performance Enhanced Hyperspectral and Multispectral Image Fusion Technique Using Ripplet Type-II Transform and Deep Neural Networks for Multimedia Applications[J]. Multimedia tools and applications, 79 (5): 1-10.

HESHAN LIN, RAAJAN N R, 2020. Sand Barrier Morphological Evolution Based on Time Series Remote Sensing Images: A Case Study of Anhaiao[J]. Pingtan. Acta oceanologica sinica, 39 (12): 121-134.

JIA S, QIAN Y T, LI J M, et al., 2010. Feature Extraction and Selection Hybrid Algorithm for Hyperspectral Imagery Classification[J]. IEEE, 72-75.

KANG X, LI S, JÓN ATLI BENEDIKTSSON, 2014. Feature Extraction of Hyperspectral Images with Image Fusion and Recursive Filtering[J]. IEEE transactions on geoscience and remote sensing, 52 (6): 3742-3752.

KIM Y, EO Y, KIM Y, et al., 2011. Generalized IHS-Based Satellite Imagery Fusion Using Spectral Response Functions[J]. Etri journal, 33 (4): 497-505.

KOJIMA H, OBAYASHI S, 2005. A GA-Based Band Selection Algorithm for Hyper-Spectral Image Classification[J]. Journal of the remote sensing society of japan, 25 (1): 1-12.

KOTWAL K, CHAUDHURI S, 2013. A Novel Approach to Quantitative Evaluation of Hyperspectral Image Fusion Techniques[J]. Information fusion, 14 (1): 5-18.

KROGH A, SOLLICH P, 1997. Statistical Mechanics of Ensemble Learning[J]. Physical review e statistical physics plasmas fluids and related interdisciplinary topics, 55 (1): 811-825.

KUMAR S, GHOSH J, CRAWFORD M M, 2002. Hierarchical Fusion of Multiple Classifiers for Hyperspectral Data Analysis[J]. Pattern analysis and applications, 5 (2): 210-220.

KUSSUL N, LAVRENIUK M, SHELESTOV A, et al., 2016. Along the Season Crop Classification in Ukraine Based on Time Series of Optical and SAR Images Using Ensemble of Neural Network Classifiers [J]. IEEE international geoscience and remote sensing symposium, 2016, 7145-7148.

LI F, WANG J, LAN R S, et al., 2019. Hyperspectral Image Classification Using Multi-Feature Fusion[J]. Optics and laser technology, 110: 176-183.

LI W, PRASAD S, FOWLER J E, et al., 2012. Locality-Preserving Dimensionality Reduction and Classification for Hyperspectral Image Analysis[J]. IEEE transactions on geoscience and remote sensing, 50 (4): 1185-1198.

LIANG L, DI L P, ZHANG Y P, et al., 2015. Estimation of Crop Lai Using Hyperspectral Vegetation Indices and a Hybrid Inversion Method[J]. Remote sensing environment, 165: 123-134.

LIU X L, BO Y C, 2015. Object-Based Crop Species Classification Based on the Combination of Airborne Hyperspectral Images and Lidar Data[J]. Remote sensing, 7 (1): 922-950.

MANOLAKIS D, 2003. Overview of Algorithms for Hyperspectral Imaging Application: A Signal Processing Perspective[J]. IEEE proceedings of workshop on advances in techniques for analysis of remotely sensed data (2003): 378-384.

MCNAIRN H, ELLIS J, 2002. Providing Crop Information Using RADARSAT-1 and Satellite Optical Imagery[J]. Remote sensing, 23

(5): 851-870.

MELGANI F, BRUZZONE L, 2004. Classification of Hyperspectral Remote Sensing Images with Support Vector Machines[J]. IEEE transactions on geoscience and remote sensing, 42 (8): 1778-1790.

MGONZÁLEZ AUDÍCANA, J L SALETA, R G CATALÁN, et al., 2004. Fusion of Multispectral and Panchromatic Images Using Improved IHS and PCA Mergers Based on Wavelet Decomposition [J]. IEEE transactions on geoscience and remote sensing, 42 (6), 1291-1299.

MIANJI F A, ZHANG Y, 2011. Robust Hyperspectral Classification Using Relevance Vector Machine [J]. IEEE transactions on geoscience and remote sensing, 49: 2100-2112.

MICHELE D, LORENZO B, DAMIANO G, 2008. Fusion of Hyperspectral and Lidar Remote Sensing Data for Classification of Complex Forest Areas[J]. IEEE transactions on geoscience and remote sensing, 46 (5): 1416-1427.

OKI K, SHAN L, SARUWATARI T, et al., 2006. Evaluation of Supervised Classification Algorithms for Identifying Crops Using Airborne Hyperspectral Data[J]. International journal of remote sensing, 27 (10): 1993-2002.

PAN Y, LI L, ZHANG J S, et al., 2012. Winter Wheat Area Estimation From MODIS-EVI Time Series Data Using the Crop Proportion Phenology Index[J]. Remote sensing of environment, 119 (none): 232-242.

PLAZA A, BENEDIKTSSON J A, BOARDMAN J W, 2009. Recent Advances in Techniques for Hyperspectral Image Processing[J]. Remote sensing of environment, 113 (9): S110-S122.

RADOUX J, CHOMÉ G, JACQUES D C, 2016. Sentinel-2'S Potential for Sub-Pixel Landscape Feature Detection[J]. Remote sensing, 8 (6): 488.

RAO N R, 2008. Development of a Crop-Specific Library and Discrimination of Various Agricultural Crop Varieties Using Hyperspectral Imagery[J]. International journal of remote sensing, 29 (1): 131-144.

SATOSHI U, 2001. Discrimination of Agricultural Land Use Using Multi Temporal NDVI Data[C]. The 22nd Asian Conference on Remote Sensing.

SMITS P C, 2002. Multiple Classifier Systems for Supervised Remote Sensing Image Classification Based on Dynamic Classifier Selection [J]. IEEE transactions on geoscience and remote sensing, 40 (4): 801-813.

SU H J, YONG B, DU P J, et al., 2014. Dynamic Classifier Selection Using Spectral-Spatial Information for Hyperspectral Image Classification [J]. Journal of applied remote sensing, 8 (1): 085095.

SUN K, GENG X R, JI L Y, 2015. Exemplar Component Analysis: A Fast Band Selection Method for Hyperspectral Imagery [J]. IEEE geoscience and remote sensing letters, 12 (5): 998-1002.

SUN W W, ZHANG L P, DU B, et al., 2015. Band Selection Using Improved Sparse Subspace Clustering for Hyperspectral Imagery Classification[J]. IEEE journal of selected topics in applied earth observations and remote sensing (2015): 1-14.

SUN W, QIAN D, 2018. Graph-Regularized Fast and Robust Principal Component Analysis for Hyperspectral Band Selection[J]. IEEE transactions on geoscience and remote sensing, 56 (6): 3185-3195.

TARABALKA Y, FAUVEL M, CHANUSSOT J, et al., 2010. SVM- and MRF-Based Method for Accurate Classification of Hyperspectral Images[J]. IEEE geoscience and remote sensing letters, 7 (4): 736-740.

ULFARSSON M O, BENEDIKTSSON J A, SVEINSSON J R, 2003. Data Fusion and Feature Extraction in the Wavelet Domain[J]. International journal of remote sensing, 24 (20): 3933-3945.

WANG C, GONG M G, ZHANG M Y, et al., 2015. Unsupervised Hyperspectral Image Band Selection Via Column Subset Selection[J]. IEEE geoscience and remote sensing letters, 12: 1411-1415.

WANG C, 2021. Automatic Building Detection from High-Resolution Remote Sensing Images Based on Joint Optimization and Decision Fusion of Morphological Attribute Profiles[J]. Remote sensing, 13 (3): 357-357.

WARDLOW B D, EGBERT S L, KASTENS J H, 2007. Analysis of Time-Series MODIS 250m Vegetation Index Data for Crop Classification in the US Central Great Plains[J]. Remote sensing of environment, 108 (3): 290-310.

WEI Q, BIOUCAS-DIAS J, DOBIGEON N, et al., 2015. Hyperspectral and Multispectral Image Fusion Based on A Sparse Representation[J]. IEEE transactions on geoscience and remote sensing, 53 (7): 3658-3668.

WOŹNIAK M, GRAÑA M, CORCHADO E, 2014. A Survey of Multiple Classifier Systems as Hybrid Systems[J]. Information fusion, 16: 3-17.

XIA J, CHANUSSOT J, DU P J, et al., 2014. Semi-Supervised Probabilistic Principal Component Analysis for Hyperspectral Remote

Sensing Image Classification[J]. IEEE journal of selected topics in applied earth observations and remote sensing, 7 (6): 2224-2236.

XUE Z H, DU P J, LI J, et al., 2017. Sparse Graph Regularization for Robust Crop Mapping Using Hyperspectral Remotely Sensed Imagery with Very Few in Situ Data[J]. ISPRS journal of photogrammetry and remote sensing, 124: 1-15.

YANG C H, EVERITT J H, MURDEN D, 2011. Evaluating High Resolution SPOT5 Satellite Imagery for Crop Identification[J]. Computers and electronics in agriculture, 75: 347-354.

YAO H, TIAN L, KALEITA A, 2003. Hyperspectral Image Feature Extraction Nad Classification for Soil Nutrient Mapping[J]. Social science electronic publishing (2003): 751-757.

YOUNGSINN S, SANJAY R N, 2002. Supervised and Unsupervised Spectral Angle Classifiers[J]. Photogrammetric engineering and remote sensing, 68 (12): 1271-1280.

YUAN Z, FENG L Y, HOU C P, et al., 2017. Hyperspectral and Multispectral Image Fusion Based on Local Low Rank and Coupled Spectral Unmixing[J]. IEEE transactions on geoscience and remote sensing, 55 (10): 5997-6009.

ZHANG Y, DU B, ZHANG L, 2015. A Sparse Representation-Based Binary Hypothesis Model for Target Detection in Hyperspectral Images[J]. IEEE transactions on geoscience and remote sensing, 53 (3): 1346-1354.

附件　主要符号对照表

英文缩写	英文全称	中文名称
ACC	Average Correlation Coefficient	平均相关系数
AHSI	Advanced Hyper-Spectral Imager	可见短波红外高光谱相机
AIE	Average Information Entropy	平均信息熵
ERGAS	Erreur Relative Globale Adimensionnelle de Synthsès	相对全局误差
EVI	Enhanced Vegetation Index	增强型植被指数
FA	Firefly Algorithm	萤火虫算法
FDPC	Fast Clustering by Fast Search and Find of Density Peaks	密度峰值快速聚类
GCP	Ground Control Point	地面控制点
GLCM	Gray Level Co-occurrence Matrix	灰度共生矩阵
GPS	Global Positioning System	全球定位系统
GS	Gram-Schimdt	施密特正交变换
HSI	Hyper-Spectral Imagery	高光谱图像
MLC	Maximumlikelihood Classification	最大似然分类
MSI	Multi-Spectral Imagery	多光谱图像
NDVI	Normalized Differential Vegetation Index	归一化植被指数
IHS	Intensity Hue Saturation	强度亮度饱和度
PCA	Principal Components Analysis	主成分分析
OA	Overall Accuracy	总体分类精度
OMP	Orthogonal Matching Pursuit	正交匹配追踪

续表

英文缩写	英文全称	中文名称
RF	Random Forest	随机森林
RMSE	Root Mean Squared Error	均方根误差
RVI	Ratio Vegetation Index	比值植被指数
SAM	Spectral Angle Mapper	光谱角
STD	Standard Deviation	标准差
SSIM	Structural Smilarity	结构相似度
SVM	Support Vector Machine	支持向量机
VIMI	Visual and Infrared Multispectral Imager	全谱段光谱成像仪